新版

これでわかる化学

矢野　潤
管野　善則　編著
伊藤　武志
岡野　寛
尾崎　信一
加藤　清考
多田　佳織　共著

三共出版

「新版にあたって」

本書は，高等専門学校，大学，短期大学の基礎教養の化学の教科書や参考書として利用できるものを目指して書かれた初版「これでわかる化学」を改訂したものである．執筆者は四国地区の高等専門学校の化学教員を中心としたメンバーである．初版は2009年に刊行されたが，すでに14年近くの歳月が過ぎた．この間，実際に「これでわかる化学」を教科書や参考書として使用されている学生さんや教員の方，また自学する読者の方から寄せられた文言や表現，数式，図表などの不備な点，問題の解答の間違いなどは少しずつ修正を加えながら増刷を10回ほど重ねてきた．しかし，内容に現在ではもうほとんど使用しなくなった実用例やより理解するために新たにした方が良いと思われる箇所もいくつか目立つようになってきた．他方，生物，医療，看護，食品，看護などの専門学科や専門学校の教養の化学の教科書として用いる場合，少し有機化学的な内容や生物関連の内容を加えてほしいという現場からの要望もあった．そこで，これらのことを踏まえて今回の改訂を行い「新版 これでわかる化学」として発刊することにした．

今回の主な改訂は，有機化合物の章を新たに追加したことである．内容的には，炭水化物，官能基，身近な高分子化合物，人体と有機化合物（DNA）の4項目である．「炭水化物」は矢野が執筆し，香川高等専門学校の岡野先生には「身近な高分子化合物」，弓削商船高等専門学校の伊藤先生には「官能基」，高知工業高等専門学校の多田先生には「人体と有機化合物（DNA）」の執筆をお願いした．この4項目は，もちろん有機化合物のごく一部を扱ったものに過ぎないので，教科書として利用する場合は内容の補足が必要な場合もあると思う．この新たに設けた章の他に修正を行なった主な箇所は，単体と化合物の内容の変更，実用化されている電池に関する説明や演習問題の変更，などである．

終わりに，初版を世に出して以来14年近い年月を経たが，この間，教科書や参考書として使用されている学生さんや教員の方，また自学する読者の方々から多くのご教示やご意見を頂戴した．それらは本書を執筆するにあたり参考になったばかりではなく，それ以上に初版を改訂しようという強い原動力になったことを記し，感謝の意を表したいと思う．また，本書を上梓するにあたり多大なご尽力をいただいた三共出版の野口昌敬氏らや秀島功社長に心よりお礼をいいたい.

令和５年２月

編著者を代表して
矢野　潤

ま　え　が　き

本書は高等専門学校，短期大学や大学の化学や一般化学の教科書および参考書として書かれたものである．これまでに編著者はともに国立大学教育学部の理科において化学を講義してきた．また編著者の一人はさらに，国立大学工学部の化学系の学科，私立大学工学部，そして工業高等専門学校においても化学を講義してきている．そうした中で，まず大学の基礎化学の講義を担当して共通して感じることは，高等学校の化学で習得しているはずの内容を学生が忘れていたり充分に理解していない場合がしばしば見受けられるということである．高等学校の内容を理解していないと先に進めない場合は，当然それらの内容を再び理解させる必要がある．他方，工業高等専門学校や商船高等専門学校の基礎化学においては，高等学校の化学と大学の教養課程の化学の内容を重複することなく効率よく講述しなければならない．こうした背景から本書の企画を思い立った訳である．本書の執筆者は四国の高等専門学校の現場で化学の講義を担当し，こうした背景を痛感されている教員ばかりである．また執筆者全員，これまでに問題を独自に作成して化学の四国統一テストを行い，得られた結果分析と対策などを教育関係の学会発表や論文で公表してきており，学生の理解の障害になっているのはどのようなことが多いのかということも熟知している．

本書は2ページの見開きで1つの項目を説明するように構成されている．まず内容や重要語句の説明を行った後に，それがどういうことなのかを具体例な図や数値を用いてやさしく解説するように努めた．また理解していることを確認するため，あるいは理解を助けるために確認問題を設けた．さらに発展では，より深い内容，補足事項，関連事項などを紹介し，章末には解答に図も加えた詳解を記した例題と，問題とその答えも記した．

本書の形式や内容が学生が学習する上で現段階ではもちろん最適なものとは思えない．わかりやすさを重視したばかりに厳密性を欠いた説明になったり，説明不足の箇所があったり，執筆者らの浅学のために生じた間違いや誤解を生む箇所などもあるに違いない．また編集にあたっては，執筆者どうしが相互に緊密に連絡・相談し合って調整に努めてきたつもりであるが，統一されていない形式，図，表記などもあると思われる．さらに，『これでわかる化学』なる書名だが，「これではわからない化学」になっている箇所もあるかと思われる．これらの点に関しては，本書を使用される諸賢の愛情ある御叱正により，改めるべきところは改めて期待に添えるような良書に近づけたいと切に念願している次第である．

終わりに，本書を完成させ発刊させるにあたって多大な御支援と御声援を賜った三共出版株式会社の秀島功氏はじめ関係各位に感謝したい．

平成21年2月

編著者代表
矢野　潤

目　　次

5　物質の三態

6　希薄溶液の束一性

7　化学変化と反応熱

8　酸 と 塩 基

9 酸化と還元

10 酸化還元と電気

11 有機化合物

付録 単位と有効数字

ホームページではこの演習書も扱っております。
より多くの演習問題にアタックする人のために，
ぜひあわせてご利用ください。

これでわかる化学演習

1 はじめに

まえがきにも記されているように，本書は「よくわかる」をモットーに，現場の先生方が経験を基に工夫して作り上げた構成になっている．自然科学を学ぶときにはいろいろなレベルの階段を順番に登りつめていく必用がある．どのルートを使って登るか．これにはいろいろな道が考えられる．本書では，その代表例として化学の登山道からまとめてみた内容となっている．

詰め込みや暗記に捕らわれないで自由に自然科学について考える．つまり常に「なぜ？」「why？」「どうして？」，このようなクセをつけることは自然科学の理解，さらに発展させて，新技術の開発・研究，イノベーションの歩みを進めるにあたって非常に大切なアプローチである．論理は連続しているもので，１：１対応の暗記事項とは根本的に異なる．読み・書き・ソロバンの概念ではなく，私たちを含めた自然を根本的に理解し，身の周りの現象に興味を引かれる若者が増えることを期待している．自然現象は一つの決まりによってすべてコントロールされている．

しかし初学者に判りやすく，なおかつ初学者に正確な自然科学の知識をインプットすることは難しい作業ではある．早期の段階から本当の自然科学に触れること，あるいは自然科学の考え方に馴染むことは重要であり，従来の暗記偏重，単に覚える，これをできるだけ避けるような試みを感じ取っていただければ幸いである．

上記のような観点で，本書は主に物理化学の分野を中心として，以下の構成で纏められている．例題も配置し，充分な量の図表も挿入されて，視覚的にも入りやすい作りだと思う．

2章　物質の構成
3章　化学式と物質量
4章　化学結合
5章　物質の三態
6章　希薄溶液の束一性
7章　化学反応と反応熱
8章　酸と塩基
9章　酸化と還元
10章　酸化還元と電気
付録　単位と有効数値

本書を読まれた方々からいただいたいろいろな御意見や御批判なども反映させて，今後は順次，内容を広げる努力をしていきたい．そして，全体として「自然科学の考え方」を把握できるようにしていきたい．

2 物質の構成

私たちの周囲にある物質は何からできているのであろうか．古代ギリシャ時代から多くの科学者がその謎の解明に取り組んできた．その結果，現在ではすべての物質は約 100 種類の元素からできていることがわかっている．これらの元素は原子という最小単位で構成（後述するように実際にはさらに小さな単位に分解可能であるが，そのものの性質を維持していると言う点で原子を最小単位と考える）されていて，この原子がいくつか結合することで，いろいろな性質を示す物質ができあがっている．原子は原子核（陽子と中性子で構成）や電子といったさらに小さな単位に分解することができ，そこからイオンの存在や原子どうしが結合し多くの物質が形成する規則性が明らかになってきた．ここでは，物質の分類や分離方法を学び，その後で物質を構成している原子の構造，また原子どうしの結合の理解に欠かせない電子配置やイオンについてみていくことにする．

2.1　元素と周期表

物質を構成する基本的な成分を**元素**（element）という．現在では約100種類の元素が知られている．元素を表示するために**元素記号**（element symbol）が使用される．これらの元素は**原子**（atom）という粒子で構成されており，原子どうしが結合することで種々の物質が作りあげられている．

具体例

H：水素　　O：酸素　　C：炭素　　Fe：鉄　など

元素記号は大文字・小文字の順で記述する．

発　展

元素と原子の違いについての疑問が多い．元素とは物質を構成する基本成分のことであり，約100種類知られている．一方，原子という表現は粒子そのものを意味し，約100種類の元素はすべて原子という粒子で構成されている．最初は違いがわかりにくいが，あまり深く考えずスルーしてもそのうちわかってくる疑問の1つである．

確認問題

次の元素の元素記号を調べてみよう．

鉄，金，銀，銅，白金，ウラン，ヨウ素，水銀，クロム，ニッケル，鉛，ガリウム，チタン

答：Fe, Au, Ag, Cu, Pt, U, I, Hg, Cr, Ni, Pb, Ga, Ti

すべての元素を原子番号（「**2.4　原子の構成**」を参考）の順に並べたものが周期表である．詳細な周期表は本書の表見返しに掲載されている．周期表を見れば各元素の元素記号や名称，原子番号がわかるのはもちろん，原子量（**3.7** 参照）などの化学を勉強する上での重要な情報が得られる．ここでは周期表を見ながら，約 100 種類の元素をいくつかに分類してみよう．

まず最も簡単な分類として，金属元素と非金属元素の分類がある．100 種類程度の元素の約 8 割が金属元素であることがわかる．非金属元素は周期表の右上部に 21 種類存在しているのみである．

もう 1 つの大きな分類方法としては，典型元素と遷移元素の分類である．これは電子配置（「**2.5　電子配置**」を参考）を基にした分類方法である．典型元素は周期表の両端に位置し，原子番号の変化と価電子の個数との間に規則性を有する元素である．同じ族であれば価電子の個数が同じとなり，周期表の縦隣の元素は似た性質を示す．そこで典型元素においては，1 族はアルカリ金属，2 族はアルカリ土類金属，17 族はハロゲンそして 18 族は希ガス，というようにグループごとに固有の名称が付いている．

遷移元素は周期表の中央部分に位置し，原子番号の変化と価電子の個数に規則性が見られない元素である．電子配置も複雑であり，同一元素でもいろいろな性質を示すことが多い．典型元素とは異なり周期表の横隣りの元素はお互いに似たような性質を示すことがある．

また，4 f 軌道に価電子を持つ元素をランタノイド，5 f 軌道に価電子を持つ元素をアクチノイドと呼ばれる．これらはその電子配置に起因し種々の特異な性質を有する元素である．

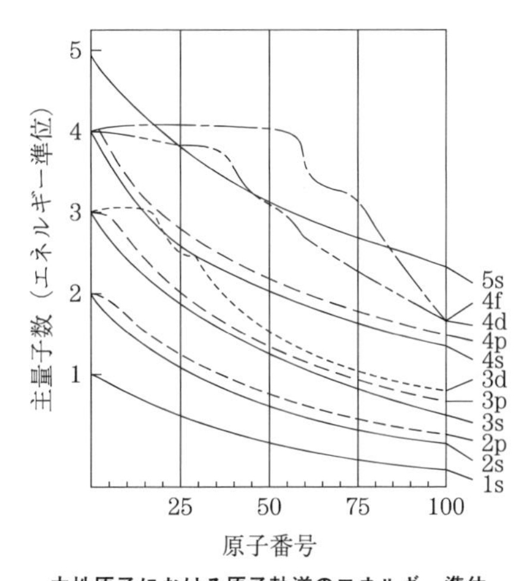

中性原子における原子軌道のエネルギー準位

（図のように，遷移元素はエネルギー準位が非常に近い関係にある）

2.2　単体と化合物

1種類の元素のみで形成される物質を単体（simple substance），複数の元素で形成される物質を化合物（compound）という．酸素や鉄は，それぞれOやFeといった1種類の元素で形成されているので単体である．一方，水はHとOから，また二酸化炭素はCとOから形成されているので化合物である．

具体例

単　体	水素，酸素，窒素，鉄，金，アルゴン，ウラン，ダイヤモンド，黒鉛，など
化合物	水，二酸化炭素，アンモニア，エタノール，ドライアイス，塩化ナトリウム，など

発　展

同じ元素で形成される単体であるが，構成元素の原子配列が異なることにより，その性質がお互いに異なる物質を同素体（allotrope）という．同素体は，お互いに物理的・化学的性質が異なる．ダイヤモンドと黒鉛や，酸素とオゾンが代表例である．化合物の場合，原子配列が異なっても同素体とは呼ばない．類似の用語に異性体がある．これは有機化合物に用いられる言葉で，分子式で表現すると同じであるが，構造式で表現すると違いがわかる物質である．

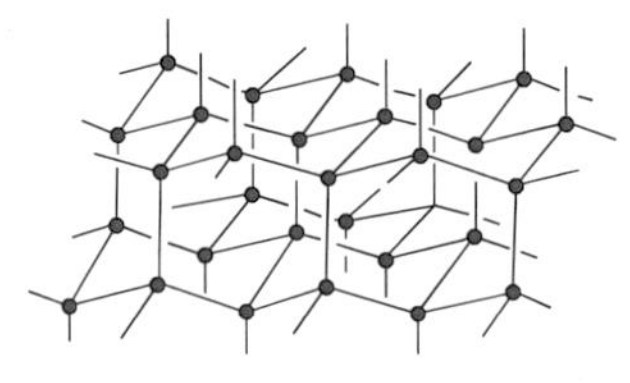

ダイヤモンド　　　グラファイト（黒鉛）

（同じCのみからできているが原子配列が異なる）

O_2　　O_3

酸素　　オゾン

（Oからできている同じ気体であるが原子配列（原子の数）が異なる）

確認問題

次の物質を単体と化合物に分類してみよう．

窒素，塩素，プロパン，リン，メタノール，硫化水素，エタノール，水銀，亜鉛，一酸化炭素，水，アルミニウム，酸化鉄，硫黄，メタン，マグネシウム

答：単　体；　窒素，塩素，リン，水銀，亜鉛，アルミニウム，硫黄，マグネシウム
　　化合物；プロパン，メタノール，硫化水素，エタノール，一酸化炭素，水，酸化鉄，メタン

同位体について詳しく見ていこう．同じ種類の元素からできている単体であっても，その原子配列を変えることでさまざまな異なった性質を有する物質を得ることが可能である．特に炭素の単体は多くの異なった性質を有する同素体が存在し注目されている．昔からよく知られたものには，ダイヤモンドとグラファイト（黒鉛）がある．その結晶構造（原子配列）を前頁に示した．なお図中の●は炭素原子を表している*1.

ダイヤモンドは炭素原子がお互いに3次元に共有結合（**4.6**参照）している．それがよく知られているダイヤモンドの特性の1つ，「硬い」ということにつながっている．一方のグラファイトは炭素原子がお互いに2次元に共有結合で結合した平面構造をとりそれがお互いにファンデルワールス力という弱い力で結合した層状の構造をしている．このため平面方向の強度は小さくなる．また，グラファイトの平面内での共有結合には二重結合を有し，それがダイヤモンドにはない「電気を通す」という性質につながっている*2.

下図に最近非常に注目されている炭素の同素体をいくつか示す．フラーレンは C_{60} と表現され炭素原子60個が結合しサッカーボールのような形状となったものである．このほかにも炭素原子70個や84個で同様の形状をとることが知られている．フラーレンは，金属元素を加えることで超伝導性を示す．またサッカーボールの内部に他原子を入れることも可能で，これまでにない未知の特性が得られる可能性があり多くの研究者が注目している．また炭素原子はカーボン・ナノチューブと呼ばれる，チューブ状の構造をしたものや，グラフェンと呼ばれる平面上の同素体も発見されている．これらも非常に多くの魅力ある特性が期待され多くの研究が行われている*3.

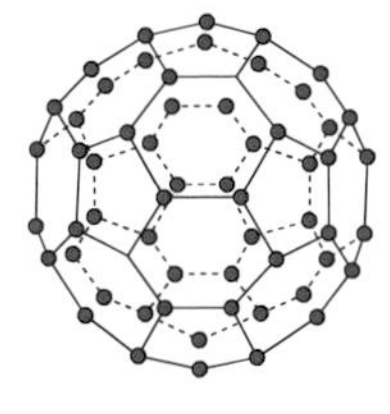
フラーレン（C_{60}）

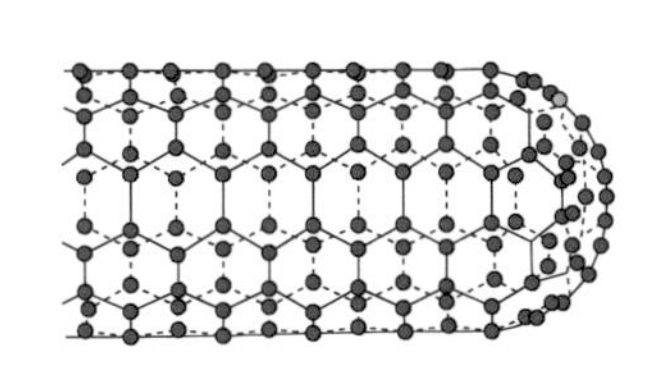
カーボンナノチューブ

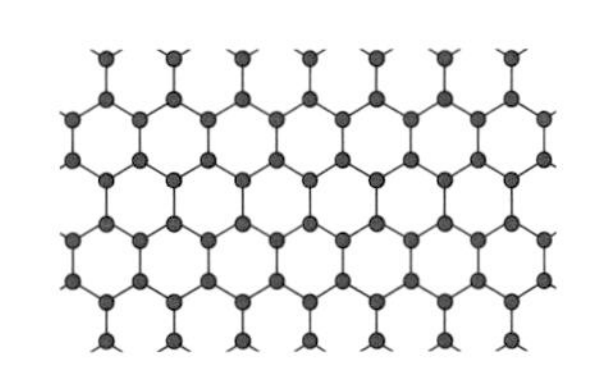
グラフェン

*1 物性的には同じ元素から構成されていても，その組合せ，つながり方により，物質の性質は大きく変化する．
*2 一般的に，物体は，三次元構造に連結された構造が固くて強い．有機高分子の場合も分子量の大きな高分子ほど，強度が高い．
*3 将来，あなたもノーベル賞．興味を持った人は，ぜひ研究してください．

2.3　純物質と混合物

1種類の単体，あるいは1種類の化合物のみで形成している物質を純物質という．また，複数の純物質が混ざり合った物質を混合物という．地球上の物質はほとんどが混合物として存在している．

具体例

純物質	水素，酸素，窒素，鉄，金，アルゴン，ウラン，ダイヤモンド，黒鉛，水，二酸化炭素，アンモニア，エタノール，ドライアイス，塩化ナトリウム，……
混合物	海水，塩酸，トマト，人間，……

発　展

一般に塩酸という名称は塩化水素の水溶液のことをさし，HCl と H_2O の混合物である．また，ダイヤモンドはCのみで形成された単体であるが，天然に産出されるダイヤモンドは不純物が含まれていることがほとんどであり，正確には混合物といえる．宝石としてのサファイア（微量の Fe，Ti イオンを含む）やルビー（微量の Cr イオンを含む）は Al_2O_3 を主成分とし，不純物として微量の金属が混入したものであり，これらも混合物といえる．本来の意味で不純物を含まない純物質は非常に稀である．

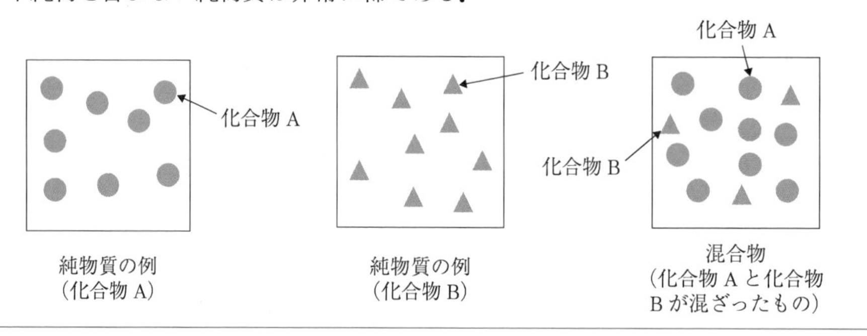

純物質の例（化合物 A）　純物質の例（化合物 B）　混合物（化合物 A と化合物 B が混ざったもの）

確認問題

次の物質を純物質と混合物に分類せよ．

塩化水素，石油，酢酸，アセトン，ホルマリン，灯油，花崗岩，水晶

答：純物質；塩化水素，酢酸，アセトン，水晶
混合物；石油，ホルマリン，灯油，花崗岩

混合物をいくつかの物質に分けていく操作を分離という．最終的に混合物はいくつかの純物質に分離できる．分離には混合物中の物質の物理的性質（融点や沸点）や化学的性質（溶解度など）の違いを利用して行われる．

蒸留（distillation）：沸点の違いを利用（水とエタノールの分離など）

ろ過（filtration）：粒子の大きさの違いを利用（砂の混じった水の分離など）

再結晶（recrystallization）：溶解度の違いを利用

抽出（extraction）：溶解度の違いを利用

注 1）分離は混合物中の物質の物理的・化学的性質の違いを利用して行われるので，性質の類似した物質どうしの混合物を分離するのは簡単ではない．

注 2）分離操作に昇華（sublimation）がよく記載されているが，昇華という用語は，状態変化の１つ（気体 ⇄ 固体）として理解することも重要である．

注 3）純物質中に微量の不純物が混じっている状態から，純物質の純度を上げる操作を精製（purification）という．

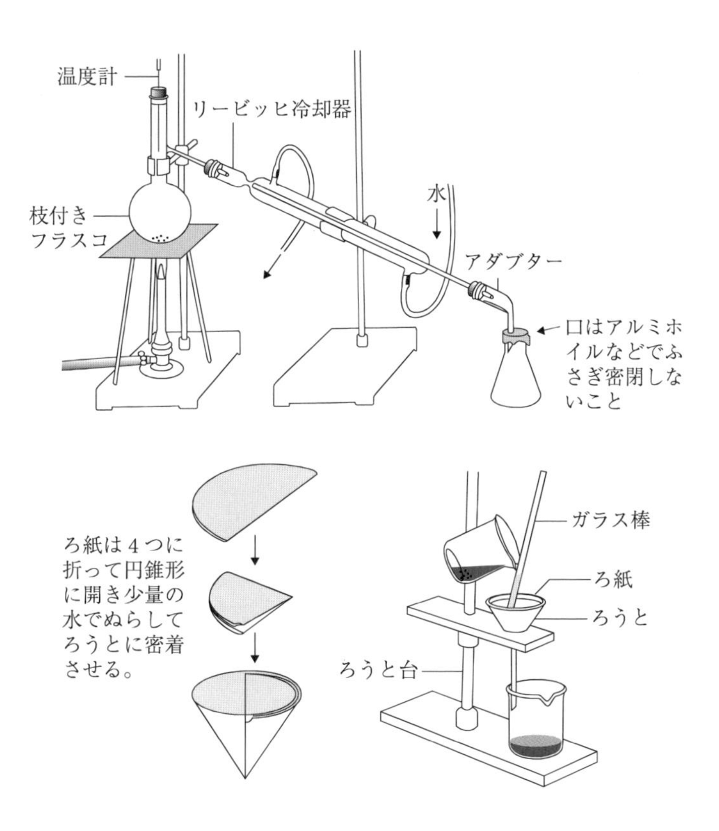

2.4 原子の構成

物質を構成する基本粒子を原子という．原子は中心に**原子核**（nucleus）が存在し，その周りに**電子**（electron）が存在している．原子核は正の電荷を有する**陽子**（proton）と，電気的に中性な**中性子**（neutron）から成り立っている．電子は負の電荷を有し，陽子や中性子と比較して非常に軽い粒子である．そのため原子の質量はほぼ原子核の質量で決まる．

具体例

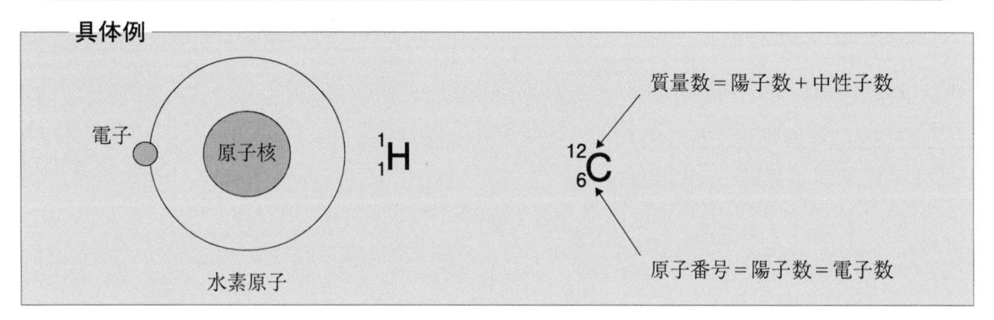

発　展

水素原子の場合，原子核の質量（陽子の質量）は電子の質量の約 1800 倍である．そのため，原子の質量はほぼ原子核の質量で決まる．また，原子核をパチンコ玉（直径 1 cm）程度の大きさまで拡大すると，原子の直径は甲子園球場のグランド（直径 100 m）と同程度になる．原子核のみの密度を計算してみると非常に大きな値となる．

同じ元素の原子であるが，原子核の中の中性子の数が異なることにより質量数が異なる原子をお互いに**同位体**（isotope）という．同位体はその質量など物理的な性質は異なるが，一般的な化学的性質は同じである*．天然に存在する全ての原子には同位体が存在する．同位体には安定なものと不安定なものが存在し，不安定なものは特に**放射性同位体**（radioisotope）と呼び放射線を放出して分解する．同位体と似た言葉に同素体があるが，まったく違う意味であるから混同しないようにしなければいけない．

$^{1}_{1}H$ $^{2}_{1}H$ $^{3}_{1}H$　水素の同位体

$^{12}_{6}C$ $^{13}_{6}C$ $^{14}_{6}C$　炭素の同位体

確認問題

水素の同位体（質量数 1，2，3）と炭素の同位体（質量数 12，13）について，原子番号，陽子数，電子数，中性子数を考えてみよう．

答：質量数が異なると中性子数が異なるが原子番号，陽子数，電子数は同じである．中性子数は質量数から原子番号（陽子数）を引くことで求められる．質量数 3 の水素の場合，原子番号 1，陽子数 1，電子数 1，中性子数 2

＊　化学反応の特性は，電子の配置の仕方によって決まる．

前ページで物質を構成する基本粒子が原子であることを説明した．これはその粒子そのものが性質を有しているという意味で，原子を基本粒子とする考え方である．先に原子は原子核と電子から構成され，さらに原子核は陽子と中性子で成り立っていることを示した．それならば，基本粒子は，陽子，中性子，電子としてもよいのであるが，ある物質（化合物）中の全陽子数などを数えても物質の性質はピンとこない．化学の世界では，その物質を構成する原子の種類からその物質の性質の多くを予想することができるため，基本粒子を原子と考えるのである．

ここで少し原子核の中をのぞいてみることにしよう．原子核は正の電荷を持った陽子と電気的に中性の中性子からなっている．ここで1つの疑問が生じる．正の電荷を持った陽子と中性の中性子がなぜ密に結合しているのであろうか．なぜ正の電荷どうしなのに反発しないのだろうか．この問題を解決したのは，湯川秀樹（1907～1981，1949ノーベル賞授賞）である．陽子や中性子を結びつけている中間子という新たな粒子を発見したのである．これは，今から50年以上前のことである．

最新の研究では，陽子や中性子はさらに微細な粒子（素粒子）からできているとされ，どれが一体，最小単位の粒子なのか，今も活発に議論されているのが現状である．原子核の内部の研究は，物理学者を中心に精力的に進められ，現時点では物質を構成する最小単位（素粒子）はクォークとレプトンと呼ばれる粒子とされている．これらがお互いに相互作用して，陽子や中性子を形成しているのである．

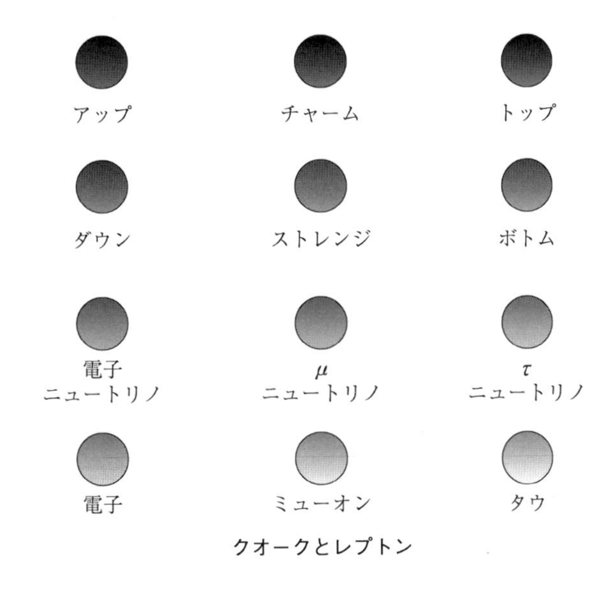

クォークとレプトン

2.5 電子配置

原子核の周りに存在している電子は無秩序に存在しているのではなく，原子核を中心としたいくつかの層に分かれて存在している（実は4種の量子数によって，電子の運動は規制されている）．その層を**電子殻**（electron shell）という．電子殻は原子核に近いほうから，K殻，L殻，M殻，N殻と呼ばれている．各電子殻に収容できる電子の最大個数は決まっており，K殻から順に2個，8個，18個，……となっていて，原子核から n 番目の電子殻の最大収容個数は $2n^2$ 個になっている．一番外側の殻（最外殻）に存在する電子が原子どうしの結合や原子の安定性に大きく影響し，**価電子**（valence electron）と呼ばれる．最外殻がK殻の場合は2個，L殻とM殻の場合は8個電子が存在すると**閉殻構造**（closed shell）となりその原子は安定状態となる．なお，電子がどのような構成で配置されているかを**電子配置**（electron configuration）という．

具体例

原子核　K殻　L殻　M殻

原子核　価電子

Na 原子

一番外側の殻(最外殻)に存在する電子が価電子であり化学結合やその原子の安定性に深く関与する．電子が最外殻がK殻の場合は2個，L殻とM殻の場合は8個存在すると閉殻構造となり安定状態となる．その場合，価電子はなし(0個)と考える．

発　展

原子核の周りの電子は，単純に円運動しているのではない．下図のように電子は原子核の周りに雲のように広がっている．詳しくは次ページを見てみよう．

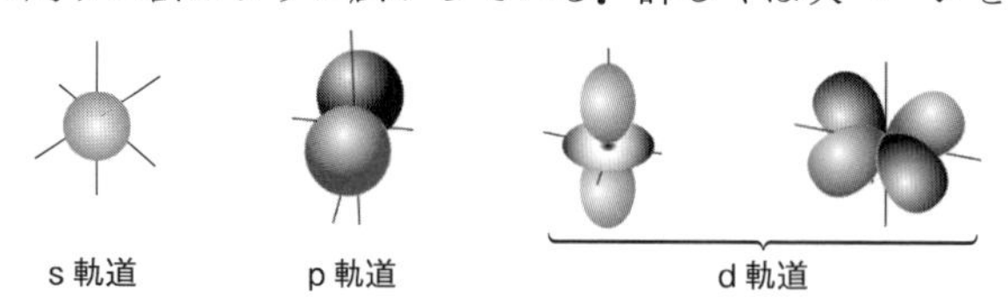

s 軌道　p 軌道　d 軌道

確認問題

原子番号1〜20番までの元素について，その電子配置を上の具体例のように描いてみよう．

答：省略

原子核の周りを電子が円運動しているというモデルはボーアモデルと呼ばれ，単純な化合物の原子どうしの結合や特殊条件下で原子が光を放つことをうまく説明できる．しかし高等学校の教科書などによく書かれている「最大18個の電子が収容可能なM殻に8個の電子が入ると安定状態になる」ということですら，うまく説明することができない．

そこで新たなより正しいモデルとして，電子は原子核の周りを単純に円運動しているのではなく，雲のようにある分布を持って存在しているモデルを考える．その雲を電子雲と呼びいくつかの形状が知られている．前ページにいくつかの電子雲の形状例を示した．通常，K殻には球状の1つの電子雲が存在し1s軌道と呼ばれる．L殻には球状をした1s軌道よりも一回り大きな2s軌道と，八の字型をした3つの2p軌道が存在している．これら3つの2p軌道は互いに直交して存在している．M殻には，K殻やL殻より一回り大きな，1つの3s軌道と，3つの3p軌道があり，さらに非常に複雑な形状をした5つの3d軌道が存在している．結果として，K殻には1つ，L殻には4つ，M殻には9つの軌道が存在している．各軌道の電子の最大収容個数は2個であり，K殻には2個，L殻には8個，M殻には18個の電子が入れることになり，前ページの記述と一致する．

この理論をspdf理論と呼ぶことがある．この理論を使って各原子の電子配置を考えてみよう．下図は炭素原子の電子配置である．ボーアモデルの場合，電子は内側の殻から順に満たされていくが，spdf理論においてはエネルギー順位の低い軌道から順番に満たされていく．エネルギー順位の大きさは一番下の図に示すが，非常に覚えやすい規則性があることがわかるであろう．各軌道に電子が入る規則をまとめると①②③のようになる．

E

↑↓ 2s　↑ $2p_x$　↑ $2p_y$　― $2p_z$

↑↓ 1s

炭素の電子配置

① エネルギー順位の小さな軌道から入る

② エネルギー順位が同じ場合，別の軌道に入る（Hundの規則）

③ 同じ軌道に電子が2個入る場合スピンの向きは逆になる（今は気にしない）

結果として，同じ原子内の電子は全て異なった状態で存在することになる（Pauliの排他律）．

原子は同じエネルギー順位の軌道が完全に満たされた場合に安定（半分が満たされても準安定状態となる）になるとされており，L殻が8個の電子で安定になるのは，3s軌道と3p軌道が完全に満たされた状態になるからである．原子どうしの結合はこの電子雲の重なりで説明することができたり，その他にもspdf理論は化学を深く学ぶ上で多くの情報を与えてくれる非常に大切なものである．

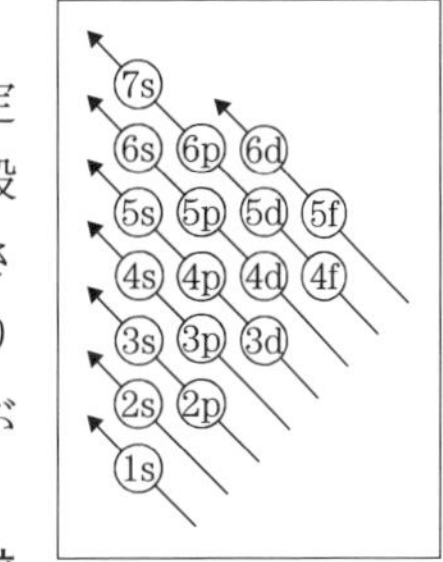

軌道のエネルギー順位

（下から↖の順で軌道のエネルギー順位が上昇する．つまりエネルギー順位は，1s＜2s＜2p＜3s＜3p＜4s＜3d＜4p＜5s＜4d＜5p＜6s＜4f＜5d＜6p＜7s＜5f＜6dである）

＊ アドバンストコースにおいては，MOED（Molecular Orbital Energy Diagram）と呼ぶ項目で，詳しく学ぶことになる．

2.6 イ オ ン

中性の原子は陽子数と電子数が同じであるが，この原子が電子を放出したり受け取ったりすることで電荷を帯びた粒子となることがある．このような粒子を**イオン**(ion) という．中性の原子が電子を放出したり受け取るのは，それによって電子配置が閉殻構造となり安定するからである．原子番号が 20 番までの原子は，最外殻（電子の存在する一番外側の殻）が K 殻の場合は 2 個，L 殻と M 殻の場合は 8 個存在すると閉殻構造となり安定する．電子を放出し正電荷を帯びた粒子を**陽イオン**（cation）電子を受け取り負電荷を帯びた粒子を**陰イオン**（anion）という．また，相対的に電子 1 個分の電荷を帯びたイオンを **1 価**（monovalent）のイオン，電子 2 個分の電荷を帯びたイオンを **2 価**（divalent）のイオンという．イオンには 1 つの原子から形成した**単原子イオン**（monoatomic ion）と複数の原子からなる**多原子イオン**(polyatomic ion) がある．

具体例

$Na \longrightarrow Na^{+} + e^{-}$

ナトリウムは最外殻に 1 個の電子（価電子）を持つ．その 1 つを放出することによって，閉殻構造をとり安定化する．

$Cl + e^{-} \longrightarrow Cl^{-}$

塩素原子は最外殻に 7 個の電子(価電子）を持つ．外部から 1 つの電子を受け取ることによって，閉殻構造となり安定化する*．

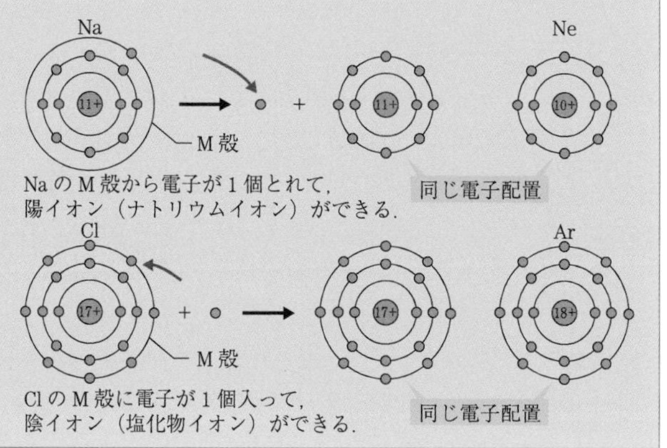

発　展

多原子イオンは複数の原子が結合した安定な物質であり，一般的には容易には分解しない．

	陽イオン	陰イオン
1 価	NH_4^{+}	NO_3^{-}, OH^{-}
2 価	Mg^{2+}	SO_4^{2-}
3 価	Al^{3+}	PO_4^{3-}

確認問題

原子番号 1〜20 番までの元素について，それぞれどのようなイオン（陽イオンか陰イオンか，価数はいくらか）になりやすいか調べてみよう．

答：右ページ後半参照

* イオンとイオンが電気的に結びつき，物質ができ上がっていく．ただ実際 NaCl という形で存在することはごく短時間のみであり，物質としては $[NaCl]_\infty$，すなわち数多くの NaCl が集まって集合体をなしている．このように，原子は希ガスと同じ電子の配置をとることによって安定化する．

もう少し具体的にイオンができる様子を見ていこう．前ページにナトリウム原子が電子1個を放出して1価の陽イオンになる様子を示した．ナトリウムは原子番号が11であるから中性の状態で11個の電子を持っている．それらの電子は，K殻に2個，L殻に8個，M殻に1個存在している．安定状態になるための条件は閉殻構造になることであるから，2通りの場合が考えられる．1つはM殻の1個の電子を放出することであり，もう1つは，他から7個の電子を受け取ることである．この場合，より簡単な前者となる．つまり電子1個を放出し，相対的に正の電荷を1つ有した1価の陽イオンになる．化学式では，下式のようになる．ここでe^-はelectronすなわち電子を示す．

$$Na \longrightarrow Na^+ + e^-$$

今度は陰イオンの例として，酸素の場合についてみてみよう．酸素は原子番号8であるから，中性の状態で8個の電子を持っている．それらの電子は，K殻に2個，L殻に6個，存在している．ナトリウムの場合と同様に，安定状態になるための条件は閉殻構造になることであるから，酸素の場合も2通りの場合が考えられる．1つはL殻の6個の電子を放出することであり，もう1つは，他から2個の電子を受け取ることである．酸素はより簡単な後者を選択する．こうして電子2個を受け取り，相対的に負の電荷を2つ有した2価の陰イオンになる．化学式では，下記のように記述する．

$$O + 2e^- \longrightarrow O^{2-}$$

ここではナトリウムと酵素の2例について詳述したが，原子番号が1〜20までの原子についても基本的に同じ考え方が適用できる．それら以外の原子についても，各原子がどのようなイオンになるのかということを知るのに，この考え方は役に立つことが多い．たとえば，周期表から各原子の価電子の数を読み取ることができるが，各原子は価電子を0個にして閉殻構造になり安定になるのであるから，価電子の数が同じ原子は同じようなイオンになる．すなわち，周期表1族（アルカリ金属）の場合，すべてナトリウムと同様に価電子は1個であるから，1価の陽イオンになりやすい．また，16族の場合，酸素と同様に価電子は6個であるから，2価の陰イオンになりやすい．なお18族の原子は価電子を持たず，中性の原子状態で閉殻構造であるから，一般的にはイオンになりにくい．これらのことは下図のようにまとめることができる．

周期数とイオンの価数の対応表

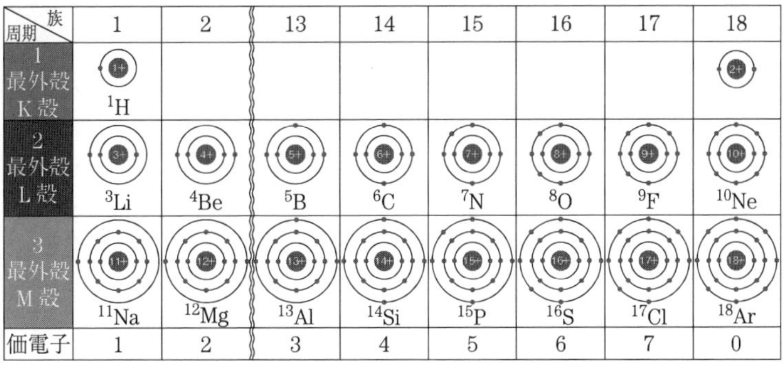

周期＼族	1	2	13	14	15	16	17	18
1 最外殻 K殻	1+ ^{1}H							2+
2 最外殻 L殻	3+ ^{3}Li	4+ ^{4}Be	5+ ^{5}B	6+ ^{6}C	7+ ^{7}N	8+ ^{8}O	9+ ^{9}F	10+ ^{10}Ne
3 最外殻 M殻	11+ ^{11}Na	12+ ^{12}Mg	13+ ^{13}Al	14+ ^{14}Si	15+ ^{15}P	16+ ^{16}S	17+ ^{17}Cl	18+ ^{18}Ar
価電子	1	2	3	4	5	6	7	0

2.7　電気陰性度

原子が電子を引き付ける力を**電気陰性度**（electronegativity）という．電気陰性度が大きいほど電子を引き付けて陰イオンになりやすい．フッ素はすべての元素の中で最も電気陰性度が大きい．一般的に，希ガス（18 族）を除き周期表の右上に行くほど電気陰性度は高くなる．化合物を形成するときは，各元素の電気陰性度の差により結合様式を説明することができる．また，分子中に存在する電荷の偏（かたよ）りにより生じる**極性**（polarity）についても説明することができる．

具体例

Na と Cl は電気陰性度の差が大きく，お互いイオン(Na^+ と Cl^-)となって結合していると考えられる（これをイオン結合といい，あとで詳しい説明がある）．それに対して酸素や窒素は同一元素すなわち電気陰性度の同じ元素の結合であり，価電子がお互いの原子を共有することによって結合している（これを共有結合といいあとで詳しい説明がある）．水分子中の電子は酸素のほうにかたよっており，水分子内で電荷の偏りが生じる．このような分子を**極性分子**（ polar molecule ）という．

発　展

各元素の電気陰性度の値はポーリングなどにより数値として表されている．電気陰性度の差は物質内の電子のかたよりも予想できる．

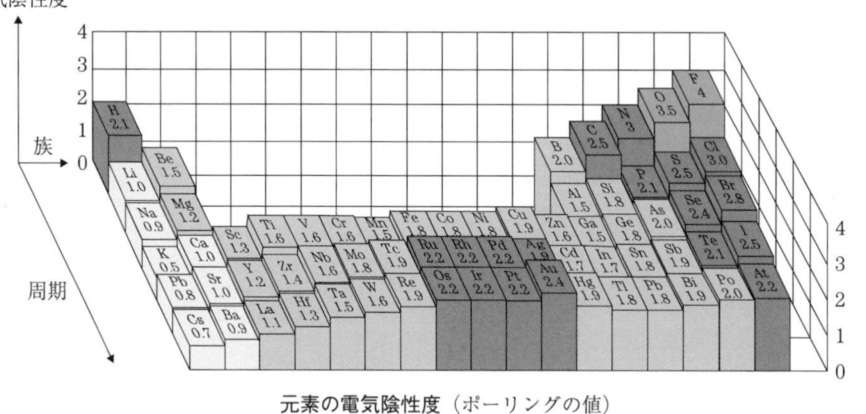

元素の電気陰性度（ポーリングの値）

確認問題

次の物質は共有結合性とイオン結合性のどちらが強いか考えてみよう．
酸素，塩化マグネシウム，塩素，フッ化リチウム，硫黄

答：共有結合性；酸素，塩素，硫黄
イオン結合性；塩化マグネシウム，フッ化リチウム

電気陰性度の小さな原子は電子を放出して陽イオンになりやすい．原子が1つ目の電子を放出して陽イオンになるときに必要なエネルギーを第1**イオン化エネルギー**（ionization energy），2つ目の電子を放出するときに必要なエネルギーを第2イオン化エネルギーという．

$$\mathrm{M} + E_1 \longrightarrow \mathrm{M}^+ + \mathrm{e}^- \quad (E_1\text{：第1イオン化エネルギー})$$
$$\mathrm{M}^+ + E_2 \longrightarrow \mathrm{M}^{2+} + \mathrm{e}^- \quad (E_2\text{：第2イオン化エネルギー})$$

原子番号が1〜20番までの原子の第1イオン化エネルギーの値を下図に示す．第1イオン化エネルギーの値は周期的に変化していることがわかる．順に見ていこう．まず，HeやNeといった電子配置が閉殻構造をとる原子はすでに安定状態にあり電子を放出するためには大きなエネルギーが必要であり，第1イオン化エネルギーは極大値を示す．He>Ne>Arとなっているのは，原子核に近い電子ほど，電子が強く原子核に束縛されているからである．次に価電子が1個のアルカリ金属の第1イオン化エネルギーは極小値を示し1価の陽イオンになりやすい事実と一致している．Li>Na>Kとなっているのは，先ほどと同じ理由である．同一周期内の変化を見てみると，基本的に原子番号が大きくなるにつれて，第1イオン化エネルギーは増加している．例外としてBe<Bとなっているのは，Beが2s軌道が満たされて準安定状態になっているからである．また，N<Oとなっているのは N は2p軌道が半分満たされて，準安定状態になっているからである．電子状態は以下の通りである．

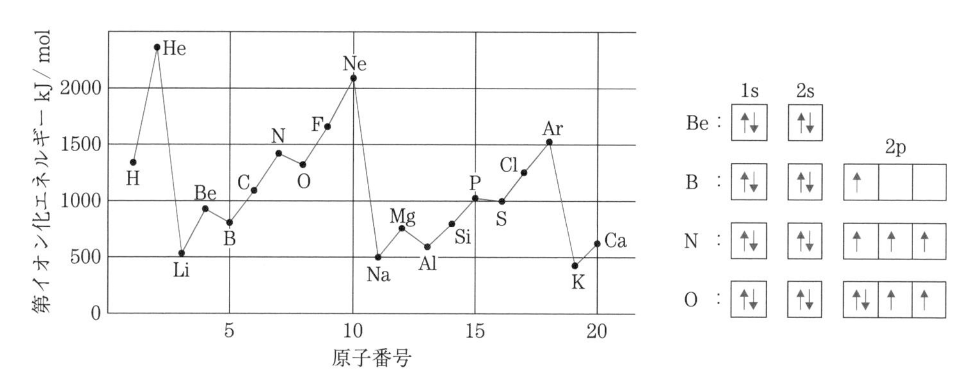

電気陰性度（electron affinity）の大きな電子は，電子を受け取って陰イオンになりやすい．原子が電子を受け取って陰イオンになるときに放出するエネルギーを電子親和力という．

$$\mathrm{A} + \mathrm{e}^- \longrightarrow \mathrm{A}^- + E \quad (\text{電子親和力})$$

ハロゲンのように陰イオンになりやすい原子の電子親和力は大きな値となることが多い．

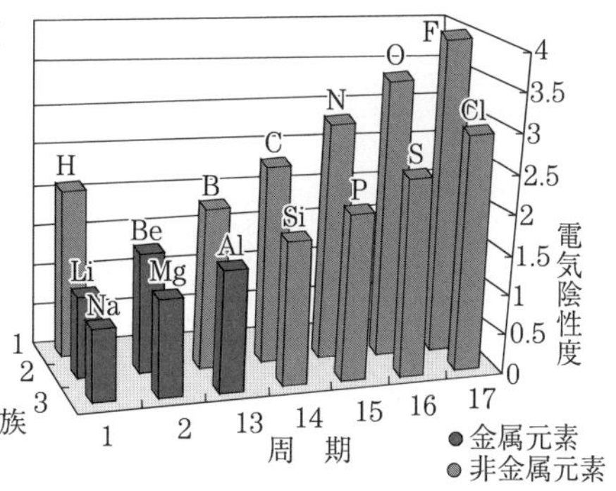

章末問題 2

【例題 1】物質の分類

次の物質を純物質と混合物に分類し，さらに純物質は単体と化合物に分類せよ．

水銀，塩酸，水酸化ナトリウム，王水，ジャガイモ，亜鉛，木材，メタン

考え方

純物質とは，たとえばNaOH（水酸化ナトリウム）のように1つの化学式で表現できる物質である．このとき，1種類の元素で構成されていれば単体，化学式中に複数の元素が含まれていれば化合物である．純物質がいくつか混じりあったものが混合物である．まず，その物質が化学式でどのように表現できるか考えてみよう．

答　純物質（単体）：水銀（Hg），亜鉛（Zn）

純物質（化合物）：水酸化ナトリウム（NaOH），メタン（CH_4）

混合物：塩酸($HCl + H_2O$)，王水($HCl + HNO_3 + H_2O$)，ジャガイモ，木材

問題 1

以下の物質を純物質と混合物に分類せよ．

りんご，酢酸，エタノール，グリシン，毛髪，プロパン，ベンゼン，食塩水，ブドウ糖

問題 2

以下の純物質を単体と化合物に分類し，化学式も記述せよ．

メタン，フッ素，リン，メタノール，水，二酸化炭素

答：**（問題 1）** 純物質；酢酸，エタノール，グリシン，プロパン，ベンゼン，ブドウ糖

混合物；りんご，毛髪，食塩水

（問題 2） 単体；フッ素（F），リン（P）

化合物；メタン（CH_4），メタノール（CH_3OH），水（H_2O），二酸化炭素（CO_2）

【例題 2】電子配置

炭素原子とカルシウム原子の電子配置を spdf で記述せよ．

考え方

K 殻は 1 個の 1 s 軌道，L 殻は 1 個の 2 s 軌道と 3 個の 2 p 軌道，M 殻は 1 個の 3 s 軌道と 3 個の 3 p 軌道と 5 個の 3 d 軌道からできている．各軌道には電子が最大 2 個入ることができ，また電子はエネルギー状態の低い軌道から順番に入っていく（各軌道のエネルギー準位は 13 ページを参考のこと）．カルシウム原子の場合，3 d 軌道に電子は入らず，エネルギー準位の低い 4 s 軌道に電子が存在することに注意すること．また，原子番号 19 番のカリウム原子も同様である．

答　炭素原子の電子配置　$1s^2\ 2s^2\ 2p^2$

カルシウム原子の電子配置　$1s^2\ 2s^2\ 2p^6\ 3s^2\ 3p^6\ 3d^0\ 4s^2$

（注意：電子配置の記述方法はいろいろな方法がある．上記は一例である）

問題 3

下記の原子の電子配置を**例題 2** と同様に spdf で記述せよ．

H，O，Al，Cl

問題 4

下記のイオンの電子配置を spdf で記述せよ（ヒント：イオンになっても考え方は同じである．そのイオンの持つ総電子数を考えてみよう）．

Li^+，F^-，Mg^{2+}，N^{3-}

答：**（問題 3）** H；$1s^1$，O：$1s^2 2s^2 2p^4$，Al；$1s^2\ 2s^2 2p^6 3s^2 3p^1$，Cl；$1s^2 2s^2 2p^6 3s^2 3p^5$

（問題 4） Li^+；$1s^2$，F^-：$1s^2 2s^2 2p^6$，Mg^{2+}；$1s^2 2s^2 2p^6$，N^{3-}；$1s^2 2s^2 2p^6$

【例題 3】イオンの生成

リチウムや窒素はどのようなイオンになるか．またリチウムイオンや窒化物イオンが中性の原子から生成するときのイオン式を記述せよ．

考え方

まず電子配置，特に価電子の数を考えてみよう．Li の場合，中性の状態で総電子数は 3 個であり，K 殻に 2 個，L 殻に 1 個の電子が存在する．すなわち，価電子は 1 個であり，その 1 つの価電子を放出して 1 価のイオンとなる．電子を放出することで相対的に正電荷を持つことになるので，陽イオンとなる．同様に N の場合，価電子は L 殻に 5 個存在する．L 殻は電子が 8 個あれば安定となるので，他から 3 個の電子を受け取って 3 価のイオンとなる．電子を受け取ることで相対的に負の電荷を帯びるので陰イオンとなる．

答　リチウム：1 価の陽イオン　　窒素：3 価の陰イオン

$Li \longrightarrow Li^{+} + e^{-}$　　$N + 3e^{-} \longrightarrow N^{3-}$

問題 5

以下の原子はどのようなイオンになるか．陽イオンか陰イオンか，また価数はいくつになるか．

H，Ca，F，Al，S

問題 6

問題 5 の原子についてイオンになるときの化学式を**例題 3** と同様に記述せよ．

答：(**問題 5**) H：1 価の陽イオン，Ca：2 価の陽イオン，F：1 価の陰イオン，Al：3 価の陽イオン，S：2 価の陰イオン

(**問題 6**) $H \rightarrow H^{+} + e^{-}$，$Ca \rightarrow Ca^{2+} + 2e^{-}$，$F + e^{-} \rightarrow F^{-}$，$Al \rightarrow Al^{3+} + 3e^{-}$，$S + 2e^{-} \rightarrow S^{2-}$

3 化学式と物質量

私たちのまわりにある物質は，すべて多数の原子・分子・イオンといった粒子で構成されている．これら粒子は非常に小さく，粒子１個１個を取り扱って実験をするのは非常に困難である．そこで，多数の粒子をまとめて取り扱うため，物質量（mol：モル）という新しい単位が考えられた．ここでは，粒子の表し方および物質量について学ぶ．また，物質量と質量，個数，および気体の体積の相互関係について学ぶ．

check

物質量と質量は異なるものである．物質量の単位は mol，質量の単位は g である．これらは間違いやすいので以後，注意することが必要である．

3.1 化　学　式

物質は**原子**（atom）または**イオン**（ion）から構成されている．その構造や組み合わせを元素記号で表したものを**化学式**（chemical formula）という．化学式には**分子式**（molecular formula），**組成式**（composition formula），**イオン式**（ionic formula），**構造式**（constitutional formula）などがある．分子式は分子を構成する元素の種類と数を示した式である．一方，組成式は物質の構成を原子やイオンの種類と割合（組成比）で表した式で，イオン結晶などを表すときに用いる．構造式は分子内で原子がどのように結合しているか価標とよばれる線を用いて表したものである．

具体例

	水 （分子）	塩化ナトリウム （イオン結晶）	エタン （分子）
分子モデル			
分子式	H_2O	—	C_2H_6
組成式	—	NaCl	CH_3
構造式	H—O—H	—	$H-\overset{\displaystyle H}{\underset{\displaystyle H}{\overset{\vert}{\underset{\vert}{C}}}}-\overset{\displaystyle H}{\underset{\displaystyle H}{\overset{\vert}{\underset{\vert}{C}}}}-H$

発　展

有機化合物は分子式が同じでも物質（構造式）が異なる場合がある．そこで有機化合物は，官能基と呼ばれる原子団を特に取り出して表すことがある．このような式を**示性式**（rational formula）と呼ぶ．

（例）エタノール ⇒ C_2H_5OH，酢酸 ⇒ CH_3COOH

確認問題

酢酸の分子式，組成式を答えなさい．

答：分子式；$C_2H_4O_2$，組成式；CH_2O

分子式は，構成している元素記号と原子数を用いて分子を表した式である．下図の水分子は，水素分子 2 個と酸素原子 1 個で構成された分子である．分子式は分子の状態が違っても，共通に用いられる．たとえば，水も氷も水蒸気も同じ H_2O で表される．

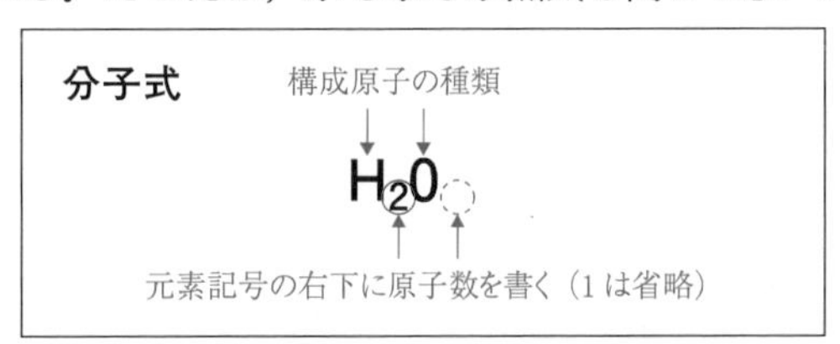

イオン式は O^{2-} や H^+ のように元素記号の右上にイオンの電荷の数と種類（＋か－か）を示したものである．

イオン結晶は結晶中に分子が存在しないため，分子式で表すことができない．そのため，イオン結晶ではその成分となっているイオンとの種類と割合を示す組成式で表される．具体例の塩化ナトリウム（NaCl）はナトリウムイオン（Na^+）と塩化物イオン（Cl^-）が 1：1 の割合で構成された物質である．

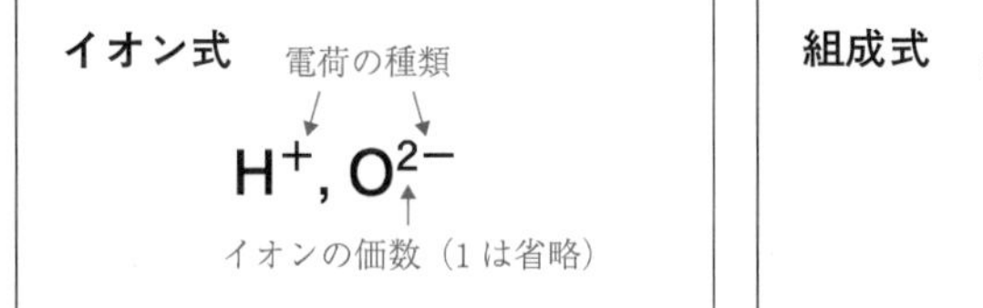

組成式 ※陽イオンの元素記号を先に書く（例外あり）

$NaCl$, $CaCl_2$

イオンの割合（1：1）　イオンの割合（1：2）

組成式はイオン結晶だけでなく，分子を構成している原子の割合も表す．具体例のエタン（C_2H_6）は炭素原子 2 個，水素原子 6 個で構成された分子である．エタンを構成している炭素と水素の割合は 1：3 であるので，エタンの組成式は CH_3 で表す．また同じ分子式であっても構造が異なる分子があるので，構造式や示性式を用いる場合がある．構造式は共有結合を価標で記した式である．

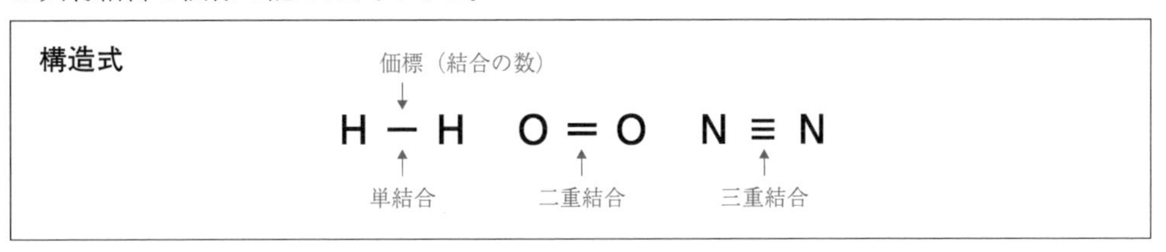

3.2　原　子　価

原子が結合して分子ができるとき，各原子は互いに電子を共有して，結合の手をつないでいる．この結合の手は構造式で表したとき価標と呼ばれているもので，この価標の数をその原子の原子価（valence）という．

具体例

原子名	水　素	炭　素	酸　素	窒　素
価　標	H—	—C—（上下にも｜）	—O—	—N—（上にも｜）
原子価	1	4	2	3
例	(H_2O) H—O—H	(CH_4) H—C—H（C の上下に H）	(O_2) O=O	(NH_3) H—N—H（N の下に H）

発　展

原子価は各原子によって決まっているが，必ずしも 1 つの値になるとは限らない．NH_3 の N の原子価は 3 であるが，NO_2 の N の原子は 4 である．

確認問題

次の物質の下線部の原子の原子価を求めよ．

① <u>H</u>Cl　　② <u>C</u>O_2　　③ <u>N</u>$_2$

答：① 1，② 4，③ 3

左ページの具体例をみてみよう．水素原子，炭素原子は価電子数がそれぞれ1個と4個である．分子を構成するとき，共有する電子対の数はそれぞれ水素が1つ，炭素が4つである．すなわち，メタンを構造式で表したとき，化学結合を表す価標（結合の手）の数は水素が1つ，炭素が4つである．この1個の原子から出ている価標の数を原子価といい，例外を除いて，原子価は原子の数によって決まっている．原子価は別の言い方をすると，「ある原子が特定の原子といくつ結合でいるかを表した数」である．一般的に水素は1，酸素は2，窒素は3，炭素は4である．

左ページの発展をみてみよう．NO_2の構造式（O=N=O）を書くと，Nの価標の数は4，すなわち，原子価は4である．分子の構造によっては，同じ原子であっても，原子価が異なる場合があるので注意しなければならない．

では，どうして価標を用いて構造式を表す必要があるのか考えてみよう．分子式が同じであっても，構造式が異なることはすでに述べたが，特に有機化合物は，同じ分子式でも数種類の物質が存在することが多いため，構造式または示性式で表す必要がある．たとえば，分子式では同じC_3H_8Oで表すが，構造式（示性式）で書くと，下に示すように，1-プロパノール，2-プロパノール，エチルメチルエーテルの3種類が存在する．このように，分子式で書くと同じだが，構造式が異なる分子を**異性体**（isomer）という．

分子式 C_3H_8O

1-プロパノール	2-プロパノール	エチルメチルエーテル
$CH_3-CH_2-CH_2-OH$	$CH_3-CH(OH)-CH_3$	$CH_3-CH_2-O-CH_3$

分子式 C_3H_8O

酢酸	ギ酸メチル	1,2-エテンジオール
$CH_3-C(=O)-OH$	$H-C(=O)-O-CH_3$	$(HO)(H)C=C(H)(OH)$

3.3　原子の相対質量

原子の質量はとても小さいので取り扱うのが不便である．そこで原子の質量をもっと簡単な数値で表すために，相対質量（relative mass）という質量の目安になる数値を導入する．これは質量数が 12 である炭素原子（^{12}C）1 個の質量を 12 とし，^{12}C を基準として他の原子の質量を相対的に表したものである．実際の ^{12}C 1 個の質量は 1.993×10^{-23}g である．相対質量は質量そのものではなく質量比であるので，単位はない．

具体例

^{1}H の相対質量の求め方

^{1}H 1 個の質量は 1.674×10^{-24} g である．

^{1}H の質量を x とすると

$$\underset{(\text{C の質量 g})}{1.993 \times 10^{-23}\,\text{g}} : \underset{(\text{H の質量 g})}{1.674 \times 10^{-24}\,\text{g}} = \underset{(\text{C の相対質量})}{12} : \underset{(\text{H の相対質量})}{x}$$

$$x = \frac{1.674 \times 10^{-24}\,\text{g}}{1.993 \times 10^{-23}\,\text{g}} \times 12 = 1.008$$

よって，^{1}H の相対質量は 1.008 である．

発　展

^{12}C の相対質量「12」は質量数を表している．この質量数は，原子核の陽子の数と中性子の数を足した値で，^{12}C は陽子の数（原子番号）6 と中性子の数 6 を足して質量数が 12 である．

確認問題

酸素原子 ^{16}O の 1 個あたりの質量は，2.656×10^{-23} g である．^{16}O の相対質量を求めよ．ただし，^{12}C 1 個の質量を，1.993×10^{-23} g とする．

答：15.992

原子1個の質量はきわめて小さい．たとえば，炭素原子 ^{12}C の質量は 1.9934×10^{-23} g である．これら値は小さすぎて，通常のグラム単位で扱うには困難である．そこで，質量数12の炭素原子 ^{12}C の1個の質量を12と決め，これを基準として，各原子の相対質量を定める．相対質量は質量そのものではなく，質量の比なので単位がないので，注意しないといけない．

左の具体例を見てみよう．^{1}H の1個の実際の質量は 1.674×10^{-24} g である．ここで ^{1}H の相対質量を x として，^{12}C の実際の質量と相対質量と比較して求めると，^{1}H の相対質量が1.008であることがわかる．

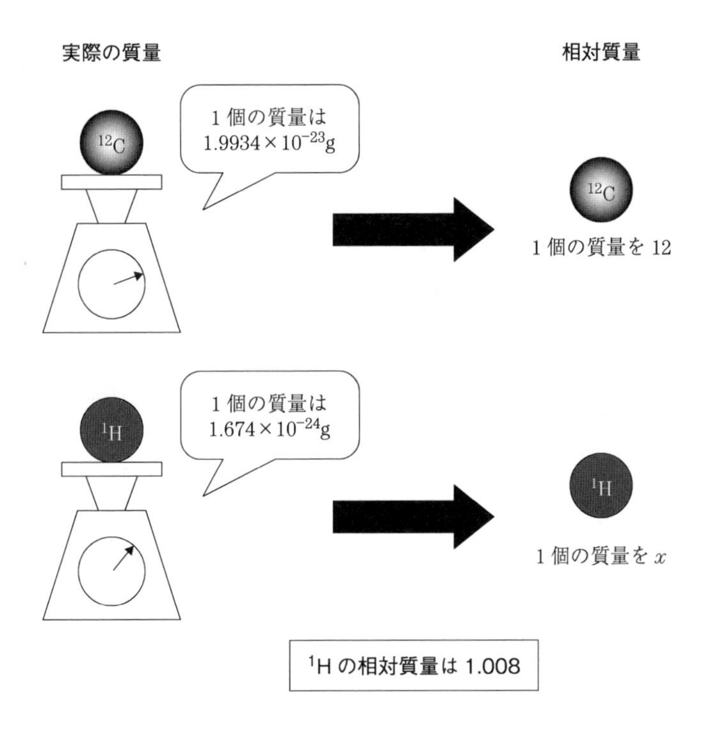

3.4　原　子　量

自然界に存在する多くの元素は同位体が存在する．これら同位体は相対質量が異なるため，各元素の同位体の相対質量の平均値を同位体の存在比で求める必要がある．この平均値の値を原子量（atomic mass）といい，各原子によって値が決まっている．原子量の値はその原子1 molあたりの質量（g）でもある．

具体例

地球上で炭素の同位体の存在する割合は，^{12}Cが98.93％，^{12}Cが1.07％である．^{12}Cの相対質量は12，^{13}Cの相対質量は13.003であるので，炭素の原子量は以下の式で表される．

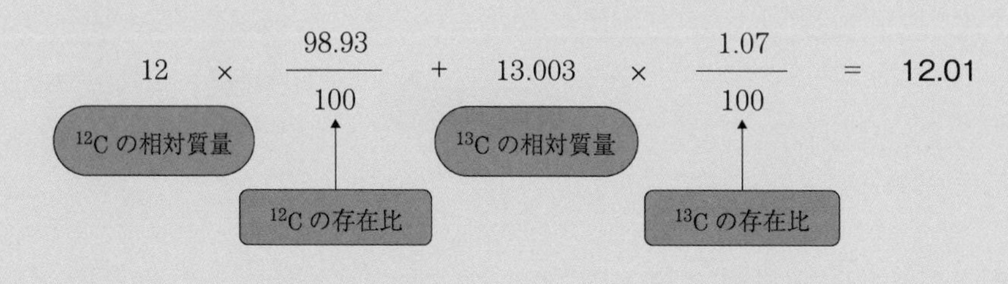

よって，炭素の原子量は**12.01**である．

発　展

元素の周期表には上記のように各元素の同位体の相対質量と存在比を用いて計算した原子量の値を示している．しかし，通常の計算には下記に示す原子量の概数値を用いることが多い．

元　素	H	C	N	O	Na	S	Cl	K	Ca
原子量	1.0	12	14	16	23	32	35.5	39	40

確認問題

窒素には相対質量が14.003の^{14}Nと15.0の^{15}Nの同位体があり，存在比はそれぞれ99.634％と0.366％である．具体例にならって，窒素の原子量を求めよ．

答：14.01

^{12}C と ^{13}C のように，原子番号は同じであるが，質量数（中性子の数）が異なる原子を互いに同位体ということはすでに学んだ．これら同位体は，下の表に示すように自然界に多く存在し，それぞれ相対質量が異なる．それぞれの元素において，同位体が存在する割合（存在比）は一定であり，各元素の同位体の相対質量の平均値を求めることができる．この平均値の値をその元素の原子量という．

元素名	同位体	相対質量	存在比%	原子量
水 素	^{1}H	1.0078	99.958	1.008
	^{2}H	2.0141	0.015	
炭 素	^{12}C	12（基準）	98.93	12.01
	^{13}C	13.0034	1.07	
窒 素	^{14}N	14.003	99.634	14.01
	^{15}N	15.000	0.366	
酸 素	^{16}O	15.995	99.757	16.00
	^{17}O	16.999	0.038	
	^{18}O	17.999	0.205	

左ページの具体例を見てみよう．炭素の相対質量の平均値，すなわち原子量は，

^{12}C の相対質量 × ^{12}C の存在比 ＋ ^{13}C の相対質量 × ^{13}C の存在比

で求めることができる．

後述するが，この原子量の値は物質（原子）1 mol あたりの質量である．ただし，物質 1 mol あたりの質量を**モル質量**（molar mass）（単位は g/mol）といい，原子量と使いわけて語句を用いるので注意しなければならない．

3.5 分子量・式量

原子量と同様に，^{12}C を基準として求めた分子の相対質量を**分子量**（molecular mass）という．分子量は分子を構成する原子の原子量の総和である．

また，イオンやイオン結晶など分子ではない物質も分子量と同様にイオン式，組成式に含まれる原子の原子量の総和で相対質量を求めることができる．この値を**式量**（formula mass）という．分子量・式量の値はその物質 1 mol あたりの質量（g）でもある．

具体例

CH_4 の分子量の求め方

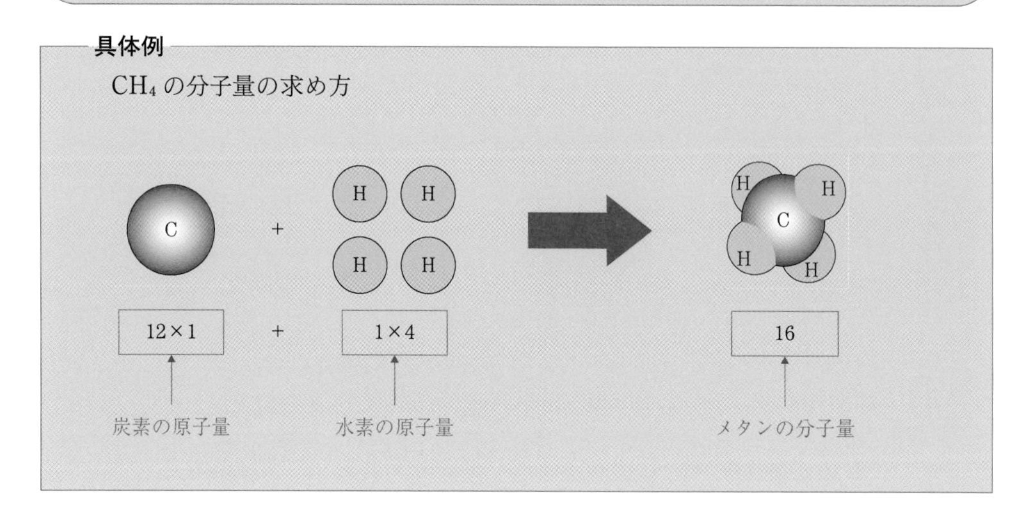

発　展

イオン式において，電子の質量は原子に比べて非常に小さいので無視して，イオンを構成する元素の原子量の総和を求める．

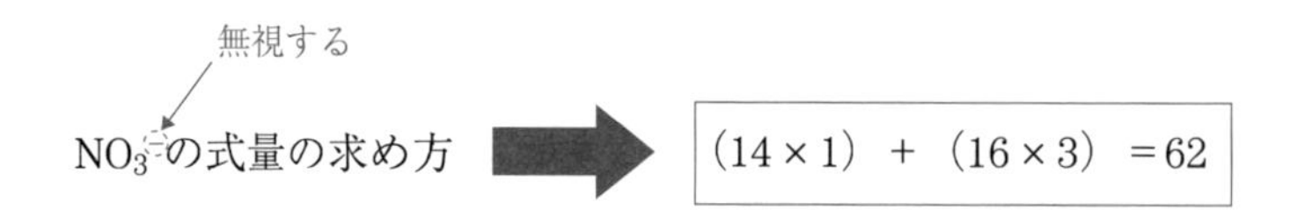

確認問題

次の物質の分子量，式量を求めよ．ただし原子量を N＝14，O＝16，H＝1，S＝32，P＝31 とする．

① N_2　　② H_2SO_4　　③ PO_4^{3-}

答：① 28，② 98，③ 95

分子量，式量の求め方は，分子式・イオン式・組成式に含まれる各元素の原子量の総和である．左ページの具体例のメタン（CH_4）は炭素原子 1 個と水素原子 4 個で構成されている．よって原子量を C＝12，H＝1 としたとき，メタンの分子量は次式で表される．

(C の原子量 × C 原子の個数) ＋ (H の原子量 × H 原子の個数)
＝ (12 × 1) ＋ (1 × 4) ＝ 16

また，発展で述べているように，イオン式において，電子の質量は原子に比べて非常に小さいので無視してかまわない．すなわち，NO_3^-，CO_3^{2-}，NH_4^+ などの＋，－（2－も含む）は無視する．たとえば，CO_3^{2-} の式量は原子量を C＝12，O＝16 としたとき，次式で表される．

(C の原子量 × C 原子の個数) ＋ (O の原子量 × O 原子の個数)
＝ (12 × 1) ＋ (16 × 3) ＝ 60

複雑な化学式で表される物質の分子量，式量を求めてみよう．硫酸アンモニウムは $(NH_4)_2SO_4$ で表される．この物質はアンモニウムイオン（NH_4^+）2 個と硫酸イオン（SO_4^{2-}）1 個で構成されている．すなわち，アンモニウムイオンの式量と硫酸イオンの式量の総和が硫酸アンモニウムの式量である．よって原子量を N＝14，H＝1，S＝32，O＝16 としたとき，硫酸アンモニウムの式量は次式で表される．

(NH_4^+ の式量) × 2 ＋ (SO_4^{2-} の式量)
＝ (14 ＋ 1 × 4) × 2 ＋ (32 ＋ 16 × 4) ＝ 132

同様に水酸化カルシウム $Ca(OH)_2$ の式量は，原子量を Ca＝40，O＝16，H＝1 としたとき，次式で表される．

(Ca^{2+} の式量) ＋ (OH^- の式量) × 2
＝ (40) ＋ (16 ＋ 1) × 2 ＝ 74

また，酢酸のように組成式が CH_3COOH で表される場合も，分子を構成する原子の原子量の総和を考えればよい．酢酸は C 原子が 2 個，H 原子が 4 個，O 原子が 2 個が存在するので，原子量を C＝12，H＝1，O＝16 としたとき，分子量は，

(12 × 2) ＋ (1 × 4) ＋ (16 × 2) ＝ 60

となる．

3.6　物質量とアボガドロ定数

原子・分子・イオンやそれから構成される物質の数量を表す単位の 1 つとして，**モル**（mol）がある．これは，**6.02×10²³個**を 1 モル（mol）とする．この mol を単位として扱った量を**物質量**（amount of substance）という．また 1 mol あたりの単位個数 6.02×10^{23}/mol を**アボガドロ定数**（Avogadro constant）という．

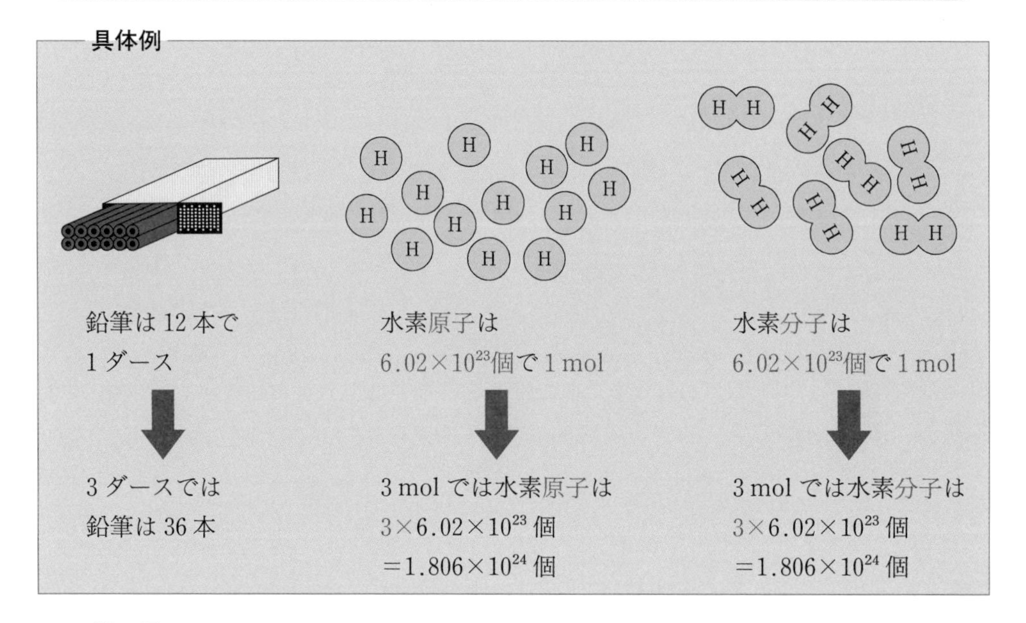

発　展

水素分子 1 mol は，水素分子の個数は 6.02×10^{23} 個であるが，水素分子 1 mol に含まれる水素原子の個数は，1.204×10^{24} 個（水素原子 2 mol）である．

水素分子 1 個（mol）には 2 個（mol）の水素原子が含まれる．

確認問題

次の問いに答えよ．ただし，アボガドロ定数を 6.0×10^{23}/mol とする．

① 水分子 8 mol は水分子何個か．

② 酸素分子 1.8×10^{24} 個は何 mol か．

答：① 48×10^{23} 個，② 3 mol

実験などで物質を取り扱うとき，原子や分子を1個，2個，……で扱うことは困難である．質量1gあたりに含まれる個数は物質の種類によって異なり，その個数はとてつもなく大きい．そこで，鉛筆12本を1ダースと表すように，原子・分子・イオンなどのある集団個数を1として取り扱うようにする．

実際には，原子・分子・イオンなどの粒子6.02×10^{23}個を1 mol（モル）という新しい単位で用い，molで表した物質の量を物質量という．

左ページの具体例を見てみよう．水素分子1 molは6.02×10^{23}個である．同様に，水分子，酸素分子，アルミニウム，塩化ナトリウム，どんな物質であっても，1 molは6.02×10^{23}個であり，水素原子1 molの水素原子の個数は6.02×10^{23}個である．この1 molあたりの個数6.02×10^{23}をアボガドロ定数（N_Aで表す）という．このアボガドロ定数は質量数12の炭素原子（^{12}C）12 gに含まれる炭素原子の個数を基準としている．

物質量はアボガドロ定数を用いて次の式で表される．

$$\text{物質量（mol）} = \frac{\text{粒子の数}}{\text{アボガドロ定数（}6.02\times10^{23}\text{/mol）}}$$

この物質量（mol）は化学において非常に重要な単位であり，化学の基礎といえるので，次ページの内容も含め，しっかり覚えて理解する必要がある．

3.7　物質量と質量

物質 1 mol あたりの質量をモル質量（g/mol）という．物質 1 mol の質量は，原子量・分子量・式量に g 単位をつけたものである．

具体例

物質名	炭素原子	水分子	酸素（分子）	塩化ナトリウム
	C	O H H	O O	Cl Na Cl Na Cl Na Cl Na Cl
原子量・式量 分子量	12	18	32	58.5
1 mol の個数	C が 6.02×10^{23} 個	HOH が 6.02×10^{23} 個	O O が 6.02×10^{23} 個	Na と Cl が それぞれ 6.02×10^{23} 個
1 mol の質量 （モル質量）	12 g (12 g/mol)	18 g (18 g/mol)	32 g (32 g/mol)	58.5 g (58.5 g/mol)

発　展

水の密度を 1.0 g/cm^3 としたとき，水の 1 L は何 mol になるか考えてみよう．

水 1 L　⇒　1000 cm^3　⇒　1000 g　⇒　1000/18 mol　=　56 mol

確認問題

次の物質について質量（g）は物質量（mol）に物質量は質量に変換せよ．ただし（　）内に示した分子量または原子量を用いて計算せよ．

① 8 g の O_2（32）　　② 60 g の C（12）

③ 0.25 mol の NH_3（17）　　④ 12 mol の H_2

答：① 0.25 mol，② 5 mol，③ 4.25 g，④ 24 g

左ページで述べたように，原子 1 mol の質量は原子量に g 単位をつけた質量になる．また，分子やイオンの 1 mol の質量は分子量・式量に g 単位をつけた質量になる．これら物質量 1 mol あたりの質量をモル質量といい，原子量（もしくは分子量・式量）g/mol で表される．

具体例で示したように，C 原子 1 mol の質量は 12 g，水分子 1 mol の質量は 18 g である．よって，C 原子 2 mol の質量は 24 g，3 mol の質量は 36 g であり，水分子 36 g は 2 mol，水分子 54 g は 3 mol である．

物質名 （原子量・分子量・式量）	1 mol の 質量	4 mol の 質量	0.2 mol の 質量
炭素原子（C） (12)	12 g	48 g	2.4 g
酸素原子（O） (16)	16 g	64 g	3.2 g
酸素分子（O_2） (32)	32 g	128 g	6.4 g
塩化ナトリウム（NaCl） (36.5)	58.5 g	234 g	11.7 g

物質量（mol）と質量（g） と分子量（または原子量・式量）には次のような関係が成り立つ．

$$\text{物質量（mol）} = \frac{\text{質量　（g）}}{\text{分子量（または原子量，式量）}}$$

または

質量（g） ＝ 物質量（mol） × 分子量（または原子量，式量）

物質量を n，質量を w，分子量を M として，$n=w/M$ または $w=n\times M$ と表すこともできる．この関係は，化学において実験やその他の計算問題でよく用いる関係なので理解しておく必要がある．

3.8　物質量と気体の体積

温度が 0 ℃，圧力が 1.013×10^5 Pa の状態を標準状態（standard state）という．気体が標準状態にあるとき，気体 1 mol あたりの体積は，気体の種類に関係なく 22.4 L である．

具体例

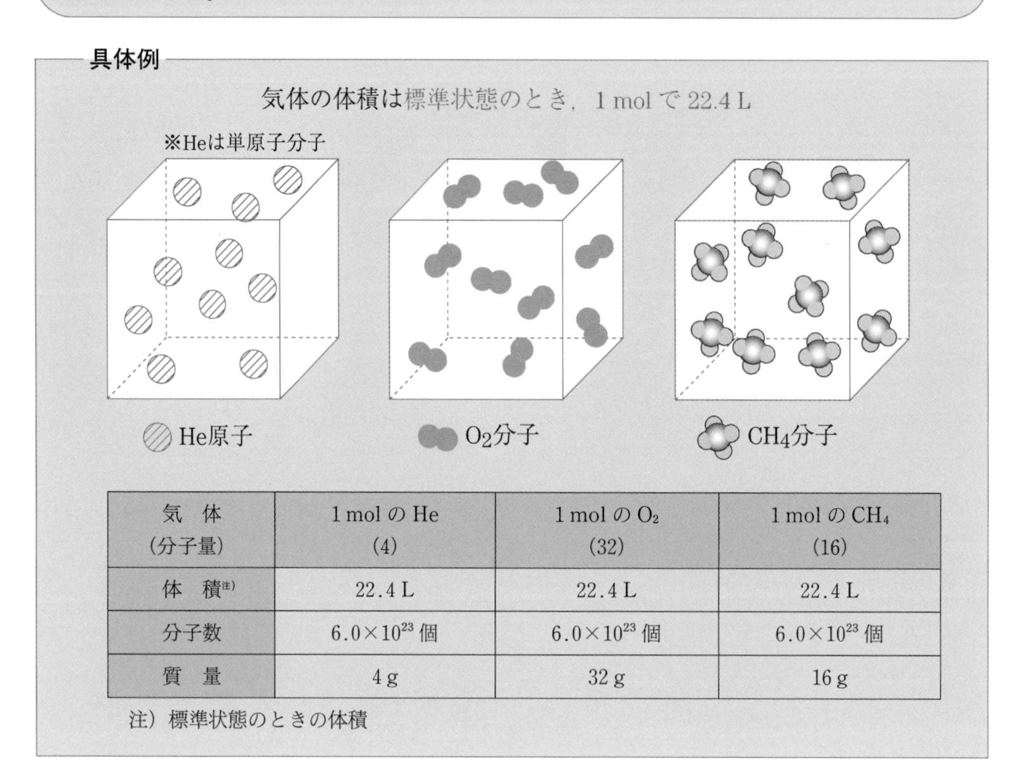

気　体 （分子量）	1 mol の He (4)	1 mol の O_2 (32)	1 mol の CH_4 (16)
体　積[注]	22.4 L	22.4 L	22.4 L
分子数	6.0×10^{23} 個	6.0×10^{23} 個	6.0×10^{23} 個
質　量	4 g	32 g	16 g

注）標準状態のときの体積

発　展

標準状態における気体の密度 d（g/L）から，気体の分子量を求めることができる。

$$1\text{ L の質量 } d\text{ g（密度）} \underset{22.4\text{ L に換算}}{\overset{\times\ 22.4}{\Longrightarrow}} 22.4\text{ L（1 mol）の質量} = \underline{\underline{22.4\,d\ (\text{g})}}$$

分子量

確認問題

① 標準状態で 1.12 L の窒素は何 mol か．

② 標準状態で 5 mol の酸素は何 L か．

答：① 0.05 mol，② 112 L

1811年，アボガドロは「同温・同圧のもとでは，気体の種類によらず，同体積の気体には同数の分子が含まれる」こと（アボガドロの分子説）を唱えた．このことは後ほど，いろいろな研究によって正しいことが証明された．したがって，物質量が等しい気体は同じ個数の分子を含むので，同温・同圧のもとでは，気体はその種類によらず同じ体積を占めるということになる．

同温・同圧条件が標準状態（0 °C，1.013×10^5 Pa）であるとき，1 molの気体の体積は22.4 Lであることがわかっている．よって標準状態の気体については，気体の体積（L）と物質量（mol）には次式の関係が成り立つ．

$$\text{物質量 (mol)} = \frac{\text{気体の体積 (L)}}{22.4\ \text{(L/mol)}}$$

また，気体の体積を V L，物質量を n molとすると，$n=V/22.4$ と表すこともできる．この関係を用いると，たとえば標準状態で33.6 Lの気体の物質量は33.6/22.4=1.5 molと求められる．

ここまでの物質量と物質の個数，質量，気体の体積をまとめてみよう．物質1 mol中には 6.02×10^{23} 個，含まれており，その質量はモル質量である．また標準状態のとき，1 molの気体の体積は22.4 Lである。

1 mol ⇒ 6.02×10^{23} 個 ⇒ モル質量 g ⇒ 22.4 L（気体のみ）

物質量に関する問題はこの関係を用いて比を用いると解きやすい。

（例1）分子量が17であるアンモニア（NH_3）34 gには何個のアンモニア分子が含まれるか．
求めるアンモニア分子の個数を x 個とすれば，
⇒ 17 g : 34 g = 6.02×10^{23} 個 : x 個 ⇒ $x = 1.204 \times 10^{24}$ 個

（例2）標準状態で1.12 Lの酸素分子（O_2）は何gか．
O_2 の分子量は32だから，求める酸素分子の質量を x gとすれば，
⇒ 32 g : 22.4 L = x g : 1.12 L ⇒ x = 1.6 g

章末問題 3

【例題 1】原子量

塩素には，相対質量が 35.0 の ^{35}Cl と 37.0 の ^{37}Cl の同位体があり，存在比はそれぞれ，75.8 %と 24.2 %である．塩素の原子量を求めよ．

考え方

塩素の原子量は，相対質量の平均値なので，次式で求めることができる．
（^{35}Cl の相対質量）×（^{35}Cl の存在比）＋（^{37}Cl の相対質量）×（^{37}Cl の存在比）
よって，

$$35.0 \times \frac{75.8}{100} + 37.0 \times \frac{24.2}{100} = 35.48$$

答　35.48

問題 1

銅には，相対質量が 62.93 の ^{63}Cu と 64.93 の ^{65}Cu の同位体があり，存在比はそれぞれ，69.17 %と 30.83 %である．銅の原子量を求めよ．

【例題 2】物質量①

次の物質量に関する問いに答えなさい．ただし原子量を H＝1，C＝12 とする．

① 水素（H_2）4 g は何 mol か．
② メタン（CH_4）0.2 mol は何 g か．

考え方

①の分子量は　1 ＋ 1 ＝ 2，②の分子量は　12 ＋ 4× 1 ＝ 16
$n=w/M$ より
①は $n=4/2=2$
②は $0.2=w/16 \Rightarrow w=3.2$

答　① 2 mol，② 3.2 g

問題 2

2.2 g の CO_2（分子量 44）は何 mol か．また，0.25 mol の CO_2 は何 g か．

答：**（問題 1）** 63.55，**（問題 2）** 0.05 mol，11 g

【例題 3】物質量②

次の問いに答えよ．ただし H=1，C=12，N=14，O=16，アボガドロ定数を 6.0×10^{23}/mol とする．

① 水素 0.5 mol は標準状態で何 L か．

② 標準状態で 8.96 L のアンモニア（NH_3）中には，NH_3 分子は何個存在するか．

考え方

① 標準状態では 1 mol で 22.4 L なので，0.5 mol のときの体積を x L とすると

$$1:22.4 = 0.5:x \Rightarrow x = 11.2$$

② 標準状態では 1 mol で 22.4 L また 6.0×10^{23} 個分子が存在するので，8.96 L のときの個数を y 個とすると

$$22.4:6.0\times10^{23} = 8.96:y \Rightarrow y = 2.4\times10^{23}$$

例題 2 もこのようにして，比を用いて解くことができる．

答　① 11.2 L，② 2.4×10^{23} 個

問題 3

次の物質量に関する問いに答えよ．

ただし，原子量は H=1，N=14，C=12，O=16，Cl=35.5，S=32，Na=23，Ca=40，Al=27，K=39 とする．また気体は標準状態であり，アボガドロ定数は 6.0×10^{23}/mol とする．

① 炭酸カルシウム（$CaCO_3$）の分子量はいくらか．

② メタン（CH_4）分子 4 g は何 mol か．

③ 4 mol の水酸化ナトリウム（NaOH）は何 g か．

④ 4.48 L の酸素分子は何 mol か．

⑤ 窒素分子（N_2）0.2 mol には何個の分子が存在するか．

⑥ 水分子（H_2O）1 個は何 g か．

⑦ 9 g の水には何個の水素原子が存在するか．

答：**（問題 3）** ① 100，② 0.25 mol，③ 160 g，④ 0.2 mol，⑤ 1.2×10^{23} 個，⑥ 3.0×10^{-23} g，⑦ 6.0×10^{23} 個

4 化学結合

原子と原子が結合して化合物ができる．このときの原子間の結合を化学結合という．化学結合には，陽イオンと陰イオンが静電気的な引力（クーロン力）で引き付けあって結合するイオン結合，原子と原子が電子を共有することにより結合する共有結合，実質的には共有結合であるが一方の原子が結合する相手原子に電子対を供与することによって生じる配位結合，金属原子間の結合であり自由電子という電子によって結合する金属結合，水素を介して分子間にできる結合である水素結合，極性の持たない分子どうしに存在する非常に弱い結合であるファンデルワールス力がある．ここでは，これらの結合はそれぞれどういったものであるかを理解するとともに，どのような原子がどのような結合になるのか，またそうして形成された結合を有する物質の性質などについてみていくことにする．

4.1 イオン結合

すでに物質の構成において，電子配置が閉殻構造をとる原子が安定であることを学んだ．このために，アルカリ金属やアルカリ土類金属などは閉殻構造をとって陽イオンとなり，ハロゲンなどは閉殻構造をとって陰イオンとなる．これらの陽イオンと陰イオンが静電的引力（クーロン力）で引き付けあって結合する結合を**イオン結合**(ionic bond) という．イオンからなる物質は，イオンの種類とその数の割合を最も簡単な整数比で示す組成式で表す．

具体例

陽イオンと陰イオンを組み合わせることで，たくさんの物質をが形成されるが，それらの物質名も陽イオンと陰イオンの名称を用いて表される．したがって基本的な陽イオンと陰イオンの名称は覚えておく必要がある．以下に陽イオンと陰イオンからなる物質の組成式の作り方と名称の付け方を例示する．

物質の組成式：陽イオンの化学式 ＋ 陰イオンの化学式（電荷は省く）
物質名：　　　陰イオン名＋陽イオン名（イオンや物イオンは省く）

① Na^{+}　と　SO_4^{2-}　⇒　Na_2SO_4　→ 1 は省略

1 価 ×2 個　＝　2 価 ×1 個　　右下に個数を書く

※価数が違う場合は，プラスの数とマイナスの数が打ち消しあうように数をそろえる

(物質名) 硫酸イオン　＋　ナトリウムイオン　⇒　硫酸ナトリウム

イオン（物イオン）は省く

② Ca^{2+}　と　OH^{-}　⇒　$Ca(OH)_2$

2 価 × 1 個　＝　1 価 × 2 個　　多原子イオンが 2 個以上必要なときは（　）をつける

(物質名) 水酸化物イオン　＋　カルシウムイオン　⇒　水酸化カルシウム

発　展

価数	陽イオン	イオン式	陰イオン	イオン式
1 価	注 1)水素イオン	H^+	フッ化物イオン	F^-
	ナトリウムイオン	Na^+	塩化物イオン	Cl^-
	カリウムイオン	K^+	水酸化物イオン	OH^-
	アンモニウムイオン	NH_4^+	硝酸イオン	NO_3^-
	銀イオン	Ag^+	注 2)酢酸イオン	CH_3COO^-
2 価	カルシウムイオン	Ca^{2+}	酸化物イオン	O^{2-}
	マグネシウムイオン	Mg^{2+}	硫化物イオン	S^{2-}
	銅（II）イオン	Cu^{2+}	硫酸イオン	SO_4^{2-}
	鉄（II）イオン	Fe^{2+}	炭酸イオン	CO_3^{2-}
3 価	アルミニウムイオン	Al^{3+}		
	鉄（III）イオン	Fe^{3+}	リン酸イオン	PO_4^{3-}

注 1）水素イオンと○○酸イオンからなる物質の名称は，硝酸や酢酸のように○○酸になる．硫化水素のように○○化物イオンとの化合物は従来どおりである．
注 2）ギ酸イオンや酢酸イオンなどは，HCOONa，CH_3COOK のように陰イオンだが，先に書く約束になっている．

確認問題

Ca^{2+} と PO_4^{3-} からできる物質の組成式と名称を答えよ．

答：組成式：$Ca_3(PO_4)_2$，名称：リン酸カルシウム

【イオン結晶】

多くの陽イオンと陰イオンがイオン結合により規則正しく配列して形成された固体（結晶）を**イオン結晶**（ionic crystal）という．結晶の最小の繰り返し単位構造を**単位格子**（unit lattico）と呼び，一個の粒子に隣接している粒子の数を**配位数**（coordination number）という．陽イオンも陰イオンも種類によってすべて大きさが異なり，その大きさは**イオン半径**（ionic radius）などによって示される．一般に陽イオンと陰イオンはイオン半径が異なるので，それらが隣接して形成されるイオン結晶もいくつかの型（単位格子）がある．一般に構造（単位格子）が同じイオン結晶の融点を比べると，イオンの価数が大きく，イオン間距離が短いほど融点が高くなる．これは，静電気的引力（クーロン力）が陽イオンと陰イオンの電荷の積に比例し，距離の2乗に反比例するため（クーロンの法則に従うため）である．以下に代表的な単位格子である塩化ナトリウム型と塩化セシウム型を示す．

単位格子	塩化ナトリウム型	塩化セシウム型
粒子配列	Na^+ Cl	Cl^- Cs^+
配位数	6	8
含まれるイオン数	ナトリウムイオン Na^+ $\frac{1}{4}\times12+1=4$ 塩化物イオン Cl $\frac{1}{8}\times8+\frac{1}{2}\times6=4$	セシウムイオン Cs^+ 1 塩化物イオン Cl^- $\frac{1}{8}\times8=1$
例	LiF，NaBr，KI，MgO	CsBr,CsI,NH_4Cl

【イオン結晶の密度】

単位格子が分るとそのイオン結晶の密度を計算することができる．たとえば上図左の塩化ナトリウムの単位格子において，一辺の長さが5.63×10^{-8} cm，ナトリウムイオンの質量が3.82×10^{-23} g，塩化物イオンの質量が5.89×10^{-23} gと知られている．したがってその密度は，

$$\frac{3.82\times10^{-23}\times4+5.89\times10^{-23}\times4}{(5.63\times10^{-8}\times4)}=2.18\ \mathrm{g/cm^3}$$

となり，実測値の$1.96\ \mathrm{g/cm^3}$とほぼ一致する．

4.2　共有結合と配位結合

結合する原子どうしがお互いの電子（不対電子）を出し合って電子対を形成して共有し，お互いの原子核の周りに存在することによってできる結合を**共有結合**（covalent bond）という．この場合も，お互いの原子の電子配置は安定な閉殻構造をとる．共有結合は一般に非金属原子間に形成される．

結合に関与していない電子対を**非共有電子対**（lone pair）という．この非共有電子対を有するイオンや分子が，その非共有電子対を一方的に結合する相手原子に供与して共有結合を形成することがある．これを特に**配位結合**（coordinate bond）という．

すべての原子が共有結合によって規則正しく配列した結晶を**共有結晶**（covalent crystal）と呼ぶ．共有結晶はダイヤモンドのように固く融点・沸点が高いものが多い．

具体例

共有結合でできた分子やイオンは，「化学式と物質量」で学ぶ分子式や構造式以外に電子式（ルイス式ともいう）などで示される．電子式は電子を「・」で示したものであるが，分子やイオンの立体的な形までは表していない．以下に共有結合で形成された代表的な分子の電子式と立体構造を示す．

分子	塩化水素 (HCl)	水 (H_2O)	メタン (CH_4)	アンモニア (NH_4)	二酸化炭素 (CO_2)	シアン化水素 (HCN)
電子式	H:Cl:	H:O:H	H:C:H（上下にH）	H:N:H（下にH）	:O::C::O:	H:C:::N:
立体構造	直線形	V字形(折れ線形)	正四面体形	三角錐形	直線形	直線形

発　展

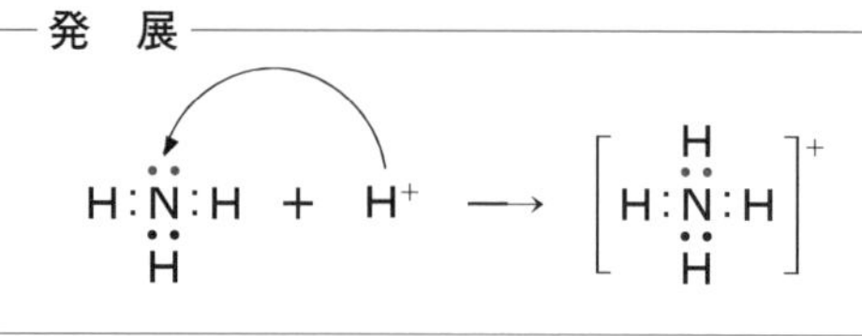

配位結合は一方の原子が非共有電子対を結合しようとする相手原子に供与することによってできた共有結合であり，結合そのものは他の共有結合と何ら変わりがない．たとえば左式で生じたアンモニウムイオンのNとHの結合はすべて等価でる．

確認問題

共有結合が形成されるときにすべての原子はそれぞれ閉殻構造（水素原子は2個，それ以外の原子は8個）を取るように電子を共有する．このことを考慮して塩素（Cl_2）の電子式を記せ．

答：:Cl:Cl:

【分子軌道】

物質の構成の章において，原子核の周りの電子は単純に円運動しているのではなく，原子核の周りに雲のように広がっていることを知った．その雲のような広がりは，s，p，d，f 軌道といった独特の形をしていることも学んだ．原子の最外殻は s 軌道と p 軌道なので．原子の形もこの s 軌道と p 軌道が重なり合ったような形をしている．しかし共有結合においては，共有される電子はお互いの原子核の周りに存在する．したがってもはや s 軌道や p 軌道の形は変形して融合され，新たに**分子軌道**（molecular orbital）と呼ばれる軌道が形成される．この分子軌道の形が共有結合からなる分子の形を決定することになる．

たとえば水素原子（H）は 1 s 軌道を取るので球形の形をしているが，水素原子どうしが共有結合によって結合して生じた水素分子（H_2）は安定な状態では全く別のラグビーボールの形をした $1\sigma_s$ と呼ばれる分子軌道を形成する．

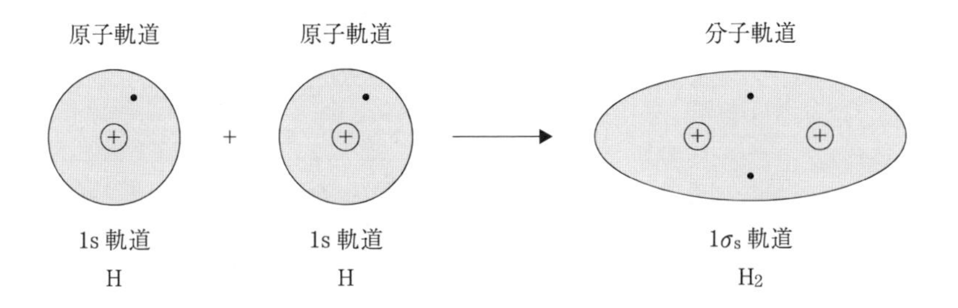

炭素原子の最外殻の電子は 2 s 軌道の電子が 2 個と 2 p 軌道の電子が 2 個の併せて 4 個である．炭素原子は水素原子と共有結合して有機化合物と呼ばれる多種多様な化合物を形成することができるが，そのときに炭素原子自身の最外殻電子をなす 2 s 軌道の電子がと 2 p 軌道の電子が融合して再編成し**混成軌道**（hybrid orbital）という新たな軌道となって水素原子と共有結合を形成する．この場合，下図に示すような 2 s 軌道と 3 個の個 2 p 軌道からなる sp^3 混成軌道（正四面体構造），2 s 軌道と 2 個の個 2 p 軌道からなる sp^2 混成軌道（平面構造），2 s 軌道と 1 個の個 2 p 軌道からなる sp 混成軌道（直線構造）の 3 つの種類の混成軌道がある．

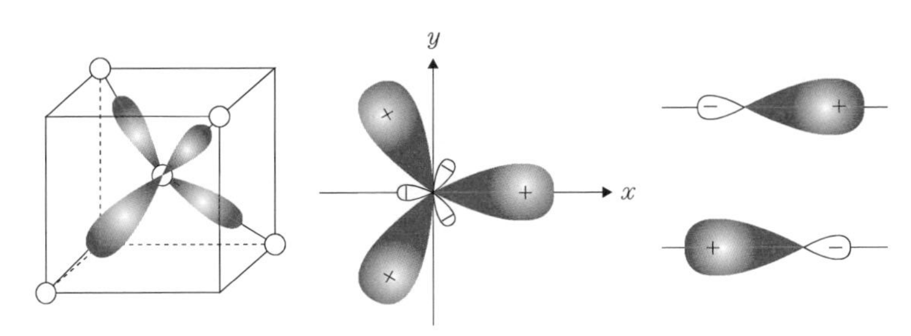

sp^2 混成軌道（正四面体構造）　sp^3 混成軌道（平面構造）　sp 混成軌道（直線構造）

4.3 電気陰性度と双極子モーメント

異種原子間で共有結合が形成されるときには，必ず電子の偏りが生じる．つまりどちらかの原子が負にもう一方の原子が正に電荷を帯びることになる．この電荷の偏りが大きいほどイオン結合性が大きいといえる．形成された結合において，原子が電子をひきつける強さの程度を表す1つの指標が**電気陰性度**(electronegativity)である．なおイオン結合性のことを**分極**(polarization)や**極性**(polarity)ということもある．

具体例

下表に代表的な元素の電気陰性度（Pauling による値）を示す．結合している原子の電気陰性度の差をみると結合のイオン結合性の程度がわかる．

周期＼族	1	2	13	14	15	16	17
1	H 2.1						
2	Li 1.0	Be 1.5	B 2.0	C 2.5	N 3.0	O 3.5	F 4.0
3	Na 0.9	Mg 1.2	Al 1.5	Si 1.8	P 2.1	S 2.5	Cl 3.0
4	K 0.8	Ca 1.0	Ga 1.6	Ge 1.8	As 2.0	Se 2.4	Br 2.8

たとえば，H_2（H-H）では電気陰性度の差が0なので，H-H の結合にイオン結合性はない．他方，HCl（H-Cl）においては，H の電気陰性度が 2.1 であり，Cl の電気陰性度が 3.0 であるから，電子の偏りの程度を示すその差は $3.0-2.1=0.9$ となる．したがって Cl が負の，H が正の電荷を帯びている．

発　展

電気陰性度によってその共有結合にイオン結合性が存在しても，分子全体の極性を論じるときは分子の立体構造も併せて考えなければならない．たとえば二酸化炭素（CO_2）の C-O の結合にはイオン結合性があるが，CO_2 は直線構造をとるのでイオン結合性は打ち消されて分子全体の極性はない．しかし，水（H_2O）の場合，折れ曲がった構造をとるためにイオン結合性は打ち消されず H が正に，O が負となった極性を示す．

CO_2（極性なし）

H_2O（極性あり）

確認問題

Si-O と C-O では，どちらのイオン結合性が高いといえるだろうか．

答：Si-O

同じ原子どうしからなる共有結合にはイオン結合性がないが，異なる原子間の共有結合には，電子の偏りによりイオン結合性がある．このイオン結合性の程度を見積もるものの 1 つに電気陰性度があることを説明したが，もう 1 つの尺度として**双極子モーメント** (dipole moment) がある．双極子モーメント（μ）は分極した電荷の絶対値（q）と原子核間距離（l）の積で与えられる．なお q の単位は C（クーロン），l の単位は m（メートル）である．

$$\mu = ql$$

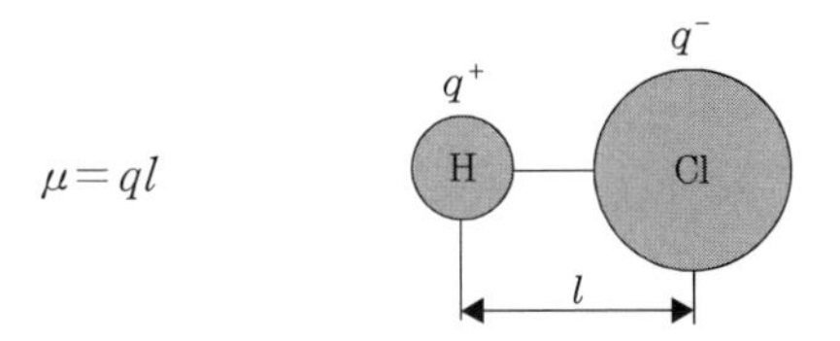

下表にいくつかの分子の双極子モーメントを示す．前ページの発展でもみたように，二酸化炭素（CO_2）やメタン（CH_4）の双極子モーメントが 0 となっているのは分子の対称性により電荷の偏りが相殺されるためである．

分　子	$\mu/10^{-30}$(Cm)	分　子	$\mu/10^{-30}$(Cm)
HF	6.6	H_2O	6.17
HCl	3.44	H_2S	3.1
HBr	2.6	NH_3	4.9
HI	1.3	CH_4	0
CO	0.4	CH_3Cl	6.2
CO_2	0		

双極子モーメントを用いると，イオン結合性を定量化（数値化）して議論することもできる．たとえば，塩化水素（HCl）の双極子モーメントは表より，3.44×10^{-30} C m であるが，H⁻Cl 間の共有電子対が完全に Cl 原子側に偏ったときの双極子モーメントは，20.34×10^{-30} C m であることが知られている．このことより H-Cl 結合のイオン性の程度の割合は次式のようになる．すなわち，塩化水素においては，イオン結合性が 17 %，共有結合性が 83 % と見積もられる．

$$\frac{3.44 \times 10^{-30}}{20.35 \times 10^{-30}} \times 100 = 17\ \%$$

4.4 金属結合

金属は規則正しく配列した金属イオン間に**自由電子**（free electron）と呼ばれる電子が文字通り自由に動き回っている*．この自由電子が接着剤のような働きをして，各金属イオンが結合している．このような結合を**金属結合**（metallic bond）といい，金属はすべてこの金属結合から成り立っている．金属イオンどうしはなるべく近接した状態をとろうとし，その結晶構造には，**体心立方格子**（face-centered cubic lattice, fcc），**面心立方格子**（body-centered lattice, bcc），**六方最密格子**（hexagonal close-packed lattice, hcp）がある．

自由電子は電気や熱を伝える働きをするので，金属は電気を通し熱もよく伝える．また自由電子の存在によって金属は独特の金属光沢を有し，延性や展性に富んでいる．

具体例

下表に金属の結晶構造の配列を示す．球で示した部分が金属イオンであり，これらの配列が無数に集まって結晶を形成している．

格子	体心立方格子	面心立方格子	六方最密格子
配列			
配位数	8	12	12
例	Na, Ba, Cr, Fe	Ca, Al, Cu, Ag	Be, Mg, Zn, Cd

発　展

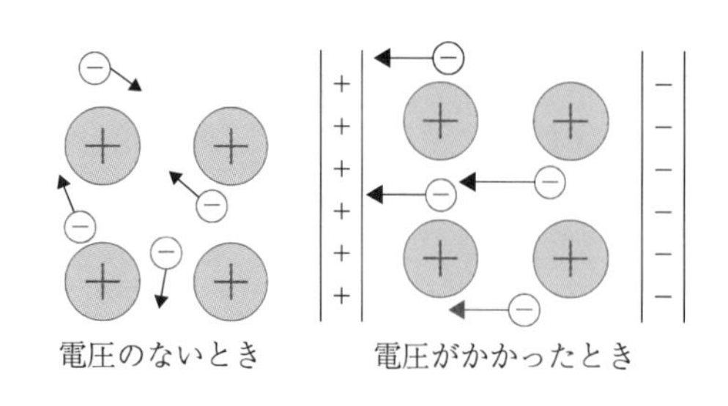

金属には負の電荷を有する自由電子があるため，電圧がかかると電気が流れる．金属の電気抵抗は温度が上昇するとともに大きくなる，つまり電気が流れにくくなる．これは金属イオンの振動が温度上昇とともに激しくなって電子の流れを阻害するためである．

---

* 希ガスと同じ電子配置をとることが原則であるから，金属の場合も一番外側にある電子をはき出し，閉殻構造をとれば結合することが可能になる．

確認問題

具体例に示されている配列を見て，体心立方格子，面心立方格子，六方最密格子の配列に含まれる金属イオンの個数を答えよ．

答：体心立方格子＝2 個，面心立方格子＝4 個，六方最密格子＝6 個

【金属の結晶格子の充塡率】

金属の結晶には，体心立方格子，面心立方格子，六方最密格子などの配列があることをみてきたが，これらのうち面心立方格子と六方最密格子は金属イオンが最も効率よく配置された配列である．つまり金属イオンを球とみなしたとき，空間に最も効率よく球をつめていった配列となっている．これを**最密充塡構造**（close-packed structure）という．下図は球を効率よく積み重ねて面心立方格子が形成されていく様子を示したものである．

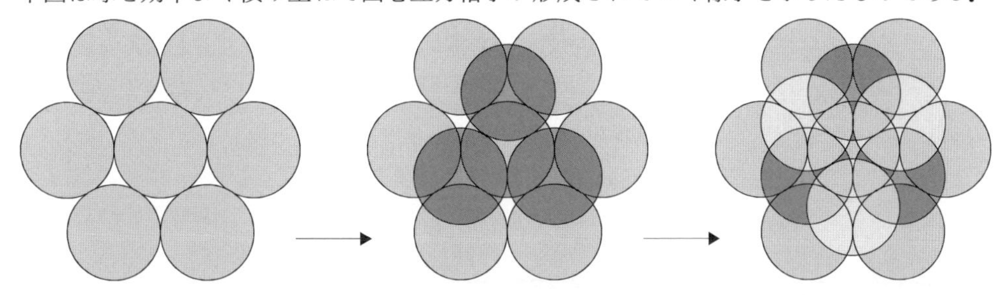

まず 7 個の球を最も効率よく並べると六角状になる．次に二段目として 3 個の球をその上に置くと，最初に並べた 7 個の球間にできた凹みに並ぶことになる．三段目に球を置く場合は，最初に並べた 7 個の球と同じ位置か，図に示す位置のどちらかに置くことができる．最初の 7 個と同じ位置に置くと六方最密格子となり，図のように置くと面心立方格子となることが解る．空間を金属イオンの体積が占める割合を充塡率というが，最密充塡構造の場合 74 %になる．このことを面心立方格子について証明してみよう．面心立方格子の一辺の長さを a，球の半径を r として，1 つの面（正方形）を考える．対角線の長さは $4r$ であり，a で表すと $\sqrt{2}\,a$ であるから，

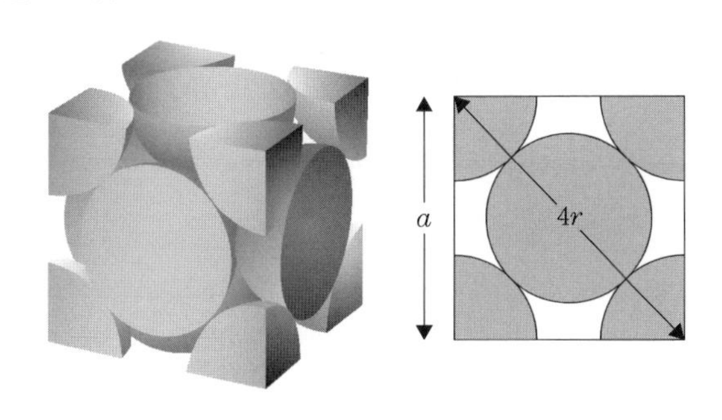

$$\sqrt{2}\,a = 4r \quad \longrightarrow \quad r = \frac{\sqrt{2}}{4}a$$

立方体の体積は a^3，球 1 個の体積は $4\pi r^3/3$ であり，立方体中に球は 4 個存在している．したがって充塡率は，

$$\frac{4\times\frac{4}{3}\pi r^3}{a^3}\times 100 = \frac{4\times\frac{4}{3}\pi\left(\frac{\sqrt{2}}{4}a\right)^3}{a^3}\times 100 = \frac{\sqrt{2}}{6}\pi\times 100 = 74.0$$

4.5　水素結合とファンデルワールス力

電気陰性度の大きい原子に結合した水素原子は，他の分子の電気陰性度の大きい分子との間に弱い結合を形成する．このように水素を介して分子間にできる結合を**水素結合**（hydrogen bond）という．また，極性の持たない分子どうしにも非常に弱い結合があることが知られている．この結合を**ファンデルワールス力**（van der Waals force）という．水素結合やファンデルワールス力のような，分子間に働く弱い力を**分子間力**（intermolecular force）といい，分子間力により分子が規則正しく配列してできた結晶を**分子結晶**（molecular crystal）という．

具体例

水分子は極性分子である．水分子の水素はわずかに正に帯電（δ^+）し，酸素はわずかに負に帯電（δ^-）している．そのため，下図のように近くの水分子どうしの間に水素結合が形成される*.

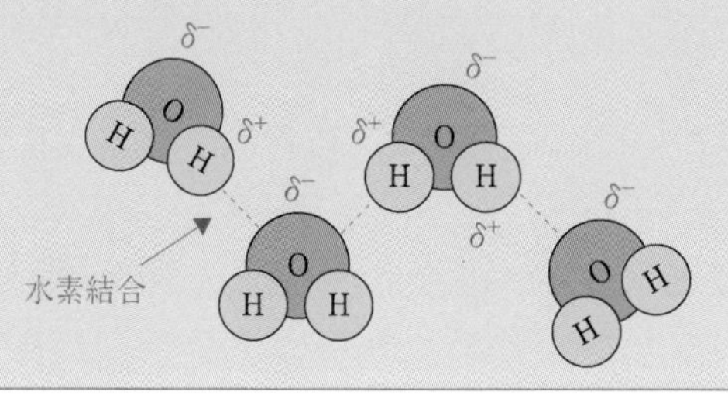

発　展

ファンデルワールス力はすべての原子・分子間に働く．一般的に，性質や構造の似た物質どうしでは，分子量が大きくなるほど分子間のファンデルワールス力は大きくなる．また，ファンデルワールス力は「双極子—双極子相互作用」「双極子—誘起双極子相互作用」「分散力」の3種類が考えられている．

確認問題

① 水以外の水素結合を作る分子や物質を答えよ．
② 分子間力でできた結晶を答えよ．

答：① HF，NH_3，DNA など　② ドライアイスやヨウ素など

---

* 水は H_2O がたくさん結合し，$(H_2O)_n$ として存在している．なお δ はデルタと読み，「わずかに」あるいは「幾分」という意味を示す．

具体例に示すように，水分子の酸素の電気陰性度が大きく，水素と酸素がそれぞれ少しだけ正と負に帯電しているため，水分子どうしで水素結合を形成する．この水素結合は，イオン結合や共有結合と比べて，とても弱い結合（1/10〜1/100）である．

一般的に同じくらいの分子量の分子の融点・沸点は近い値をとる．しかし，水素結合を形成する分子は，その結合を切るのにより多くのエネルギーが必要になるため，他の分子と比べて沸点が高くなる．たとえば，水分子（分子量 18）の沸点を同じくらいの分子量のメタン（分子量 16）の沸点と比較すると，水の沸点（100℃）はメタンの沸点（−161℃）よりはるかに高い値である．

また，N_2 や CO_2 のような無極性分子どうしにも弱い引力が働くことが知られている．この力は，水素結合よりもはるかに弱く，ファンデルワールス力といわれている．このファンデルワール力は，どんな分子間にも働く．

水素結合やファンデルワール力などの分子間に働く弱い結合をまとめて分子間力という．この分子間力によりできた結晶を分子結晶という．この分子結晶は，共有結晶と間違いやすいので，気をつけなければならない．下図は，それぞれの結合（結晶）をまとめたものである．

	イオン結晶	金属結晶	共有結晶	分子結晶
構成粒子	⊕ 陽イオン ⊖ 陰イオン	⊕ 正に帯電した粒子 ・ 自由電子	原子	分子
構成粒子間の結合	イオン結合	金属結合	共有結合	分子間力
モデル				
例	塩化ナトリウム NaCl 酸化マグネシウム MgO 炭酸カルシウム $CaCO_3$	ナトリウム Na マグネシウム Mg 鉄 Fe	ダイヤモンド C 炭化ケイ素 SiC 二酸化ケイ素 SiO_2	ヨウ素 I_2 氷 H_2O スクロース $C_{12}H_{22}O_{11}$
(化学式の種別)	組成式	組成式	組成式	分子式

章末問題 4

【例題 1】イオン結合

次の陽イオンと陰イオンを組み合わせてできる化合物の組成式と物質名を答えよ．

① NH_4^+（アンモニウムイオン）と CO_3^{2-}（炭酸イオン）

② Al^{3+}（アルミニウムイオン）と Cl^-（塩化物イオン）

考え方

イオンからなる物質は，イオンの種類とその数の割合を最も簡単な整数比で示す組成式で表す．

陽イオン　＋　陰イオン
（物質名は陰イオン　＋　陰イオン）

①　NH_4^{+}　と　CO_3^{2-}　⇒　$(NH_4)_2CO_3$

1価×2個　＝　2価×1個　　右下に個数を書く

多原子イオンが 2 個以上のときは（　）をつける

※価数が違う場合は，プラスの数とマイナスの数が打ち消しあうように数をそろえる

（物質名）炭酸イオン ＋ アンモニウムイオン ⇒ 炭酸アンモニウム

②　Al^{3+}　と　Cl^{-}　⇒　$AlCl_3$

3価×1個　＝　1価×3個　　右下に個数を書く

個数が 1 のときは省略する

（物質名）塩化物イオン ＋ アルミニウムイオン ⇒ 塩化アルミニウム

答　① $(NH_4)_2CO_3$（炭酸アンモニウム）　② $AlCl_3$（塩化アルミニウム）

問題 1

次のイオンを組み合わせてできる化合物の組成式と物質名を答えよ．

① Al^{3+}（アルミニウムイオン）と O^{2-}（酸化物イオン）

② NH_4^+（アンモニウムイオン）と SO_4^{2-}（硫酸イオン）

③ Na^+（ナトリウムイオン）と CH_3COO^-（酢酸イオン）

④ K^+（カリウムイオン）と PO_4^{3-}（リン酸イオン）

答：（問題 1）① Al_2O_3（酸化アルミニウム），② $(NH_4)_2SO_4$（硫酸アンモニウム），③ CH_3COONa（酢酸ナトリウム），④ K_3PO_4（リン酸カリウム）

【例題 2】電子式・構造式

次の分子の電子式・構造式を書きなさい．

① H_2O　② CO_2　③ N_2

考え方

それぞれの原子の電子式（最外殻電子数）を考える．

H・　・C・　・N・　・O・

H は 2 個，その他の原子は 8 個になるように互いに電子を共有する．すなわち，8 個（H は 2 個）になるために必要な電子数が各原子の共有結合する電子数である．

H・	・C・	・N・	・O・
あと 1 個必要	あと 4 個必要	あと 3 個必要	あと 2 個必要
‖	‖	‖	‖
1 個所結合	4 個所結合	3 個所結合	2 個所結合

あとは，各原子の共有結合する電子をプラモデルを作るように組合せばよい．構造式は共有電子対を価標（−）に置換えればよい．

① H・ H・ ・O・ → H:O:H → H−O−H

② ・O・ ・O・ ・C・ → O::C::O → O=C=O

③ ・N・ ・N・ → N⋮⋮N → N≡N

答　電子式　① H:O:H　② O::C::O　③ N⋮⋮N

構造式　① H−O−H　② O=C=O　③ N≡N

問題 2

次の分子の電子式・構造式を書け．

① O_2　② NH_3　③ CH_4

問題 3

問題 2 の分子の中で，① 二重結合を持つ分子，② 非共有結合を持たない分子を答えよ．

答：**(問題 2)** 電子式：① O::O，② H:N:H（N の下に H），③ H:C:H（C の上下に H），構造式：① O=O，② H−N−H（N の下に H），③ H−C−H（C の上下に H）

(問題 3) ① O_2，② CH_4

5 物質の三態

私たちの身の周りにある物質を見ると，固体，液体，気体のいずれかの状態にあることが分る．この 3 種の状態を物質の三態という．物質の三態間の変化は，温度や圧力によって起る．この変化は，物質を構成する粒子間の結合エネルギーと物質粒子の熱運動エネルギーの大小により説明することができる．固体は構成粒子間力の相互作用が強く，粒子が一定の位置を保つ．その結果，固体は一定の形を保ち，圧縮しても温度を変えても，その体積を変化させることはほとんどできない．液体では，固体ほど粒子間力は強くないが，位置を変えながら一定の体積を保っている．液体は容器によっていろいろな形に変わるが，圧縮してもその体積はほとんど変化しない．気体においては，粒子間の引力は無視できるかあるいは小さく，粒子は自由に空間を運動している．したがって気体は容器によっていろいろな形に変わるし，温度や圧力を変化させてもその体積は変化する．ここでは気体，液体，固体の性質についてみていくことにする．

5.1 物質の三態

気体（gas）は分子が自由に運動できる．液体（liquid）は原子，分子，イオン間の結合する力と自由に運動しようとする力がほぼ等しくなり，それらの粒子は動くことができるが自由に運動はできない．固体（solid）は原子，分子，イオン間の結合する力が強く，それらの粒子は振動はしているが粒子の位置は変化しない．

固体が液体に変わることを**融解**（fusion），気体に変わることを**昇華**（sublimation）という．液体が固体に変わることを**凝固**（freezing），気体に変わることを**蒸発**あるいは**気化**（evaporation）という．気体が液体に変わることを**凝縮**（condensation），固体に変わることを**昇華**（sublimation）という．

固体が液体に変化するときに吸収する熱を**融解熱**（heat of fusion）といい，液体が気体に変化するときに吸収する熱を**蒸発熱**（heat of evaporation）という．融解熱，蒸発熱を物質 1 mol あたりで示すとき，モル融解熱，モル蒸発熱と呼ぶ．

具体例

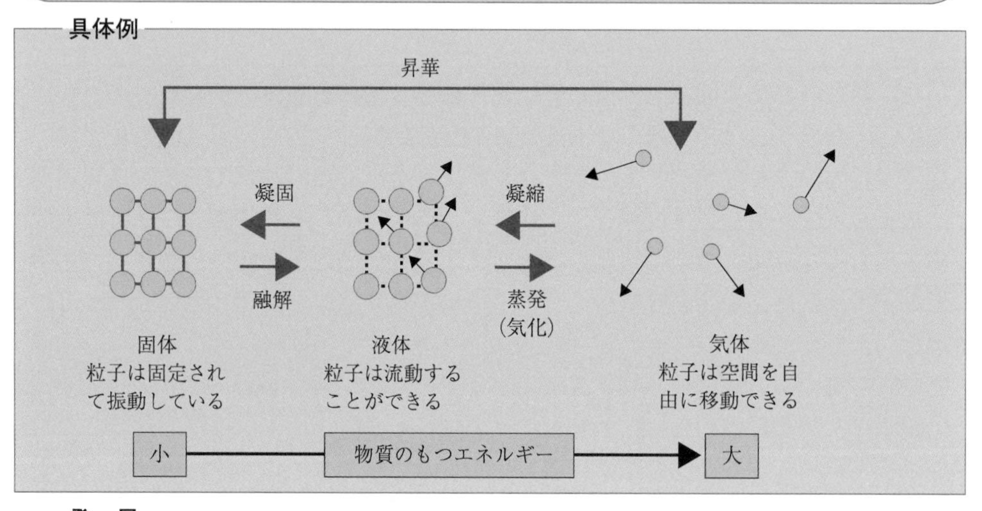

発　展

具体例からもわかるとおり，固体と液体間の状態変化における体積変化はほとんどないが，それに比べて液体と気体間の状態変化における体積変化は著しく大きい．たとえば水が水蒸気に変化すると，その体積は 1000 倍ほどにもなる．

確認問題

① 0 °C，1013 hPa において，90 g の氷が水になるのに必要な熱量はいくらか．ただし，氷のモル融解熱は 6.01 kJ/mol である．

② 100 °C，1013 hPa において，90 g の水が水蒸気になるのに必要な熱量はいくらか．水のモル蒸発熱は 40.66 kJ/mol である．

答：① 30.05 kJ，② 203.3 kJ

【顕熱と潜熱】

固体，液体，気体に熱（エネルギー）を加えると温度が上昇する．このように，与えた熱が温度上昇を伴うとき，この熱を顕熱（sensible heat）という．水に熱を与えて水が水蒸気に変化するときは温度は 100 ℃で一定であり*，氷に熱を与えて氷が水に変化するときは温度は 0 ℃で一定である．このように，熱を与え続けているにもかかわらず温度上昇を伴わないとき，この熱を潜熱（latent heat）という．したがって蒸発熱や融解熱をはじめ，状態変化しているときに吸収あるいは発熱している熱は潜熱である．

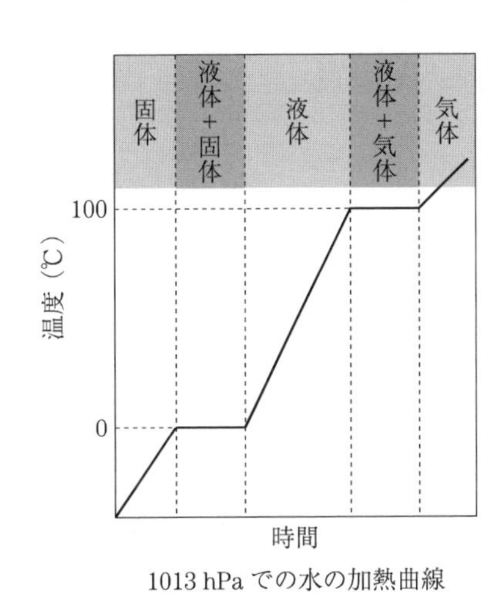

1013 hPa での水の加熱曲線

顕熱を Q_s とすると，質量（m），比熱（c），温度差（Δt）の積である．

$$Q_s = mc\Delta t$$

したがって状態変化を伴うときの熱は顕熱と潜熱を加えたものとなる．たとえば −20 ℃の氷 18 g（= 1 mol）をすべて水蒸気にするときの熱は，氷の比熱を 2.10 J/gK，水の比熱を 4.19 J/gK とすると，融解熱は 6.01 kJ，蒸発熱は 40.66 kJ となるから，

$$18 \times 2.10 \times \{0-(-20)\} \quad \text{(氷の顕熱)}$$
$$+ 6.01 \times 10^3 \quad \text{(融解熱)}$$
$$+ 18 \times 4.19 \times (100-0) \quad \text{(水の顕熱)}$$
$$+ 40.66 \times 10^3 \quad \text{(蒸発熱)}$$
$$= 54968 \fallingdotseq 55.0\,\text{kJ}$$

【物質の状態図】

三態の状態変化，は温度だけでなく圧力の変化でも生じる．物質の三態と温度と圧力の関係を示したものを状態図（constitutional diagram）という．気圧が低い高山の山頂で水の沸点が 100 ℃以下になるのも，水の状態図を見れば納得できる．右図は二酸化炭素の状態図を示す．固体のドライアイスを室温に置くとすぐに気体になってしまうのは，大気圧（1013 hPa）では液体の状態が存在しないからである．なお図に示した三重点（triple point）は，固体・液体・気体が共存する特異な点である．

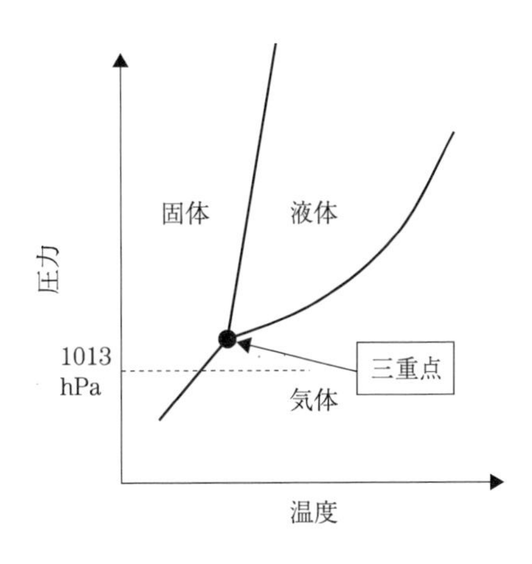

* 100℃は大気圧下における値であり，圧力が下がれば 80℃でも 60℃でも蒸発が起こる．真空中であれば，0 ℃でも蒸発は起こる．

5.2 気体の法則

気体の体積は，圧力が一定のとき温度に比例する．これを**シャルルの法則**（Charle's law）という．また，気体の体積は温度が一定のときに圧力に反比例する．これを**ボイルの法則**（Boyle's law）という．この 2 つの法則から，気体の体積は絶対温度に比例し，圧力に反比例することがわかる．これを**ボイル・シャルルの法則**と呼ぶ*.

具体例

一定質量の気体の体積を V（m^3），絶対温度を T（K），圧力を P（Pa）とするとボイルの法則，シャルルの法則，ボイル・シャルルの法則は以下の式のように表すことができる．

ボイルの法則： $PV = k$（k：定数） または $P_1V_1 = P_2V_2$

シャルルの法則：$V = kT$ または $\frac{V_1}{T_1} = \frac{V_2}{T_2}$

ボイル・シャルルの法則：$\frac{PV}{T} = k$ または $\frac{P_1V_1}{T_1} = \frac{P_2V_2}{T_2}$

発　展

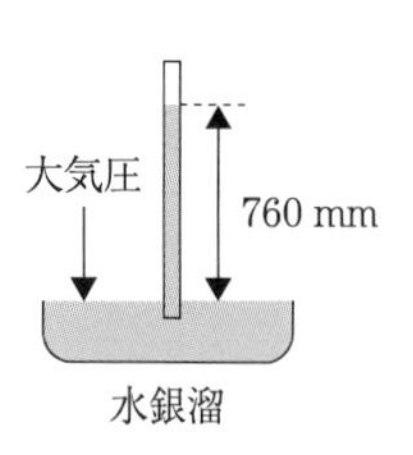

具体例の式を用いて計算するときは，温度は絶対温度（K：ケルビン，摂氏の温度に 273 を加えたもの）を用いないといけないが，圧力と体積は同じ単位を用いればよい（単位については巻末の付録を参照）．圧力の単位に独特の mmHg というものがある．これは水銀柱を押し上げる圧力を水銀柱の長さで表したものである．大気圧（1 気圧）は左図のように水銀（Hg）を 760 mm 押し上げる．このときの水銀柱の質量は水銀の密度が 13600 kg/m^3 であるから，水銀柱の底面積を S（m^2）とすると，$13600 \times 0.76 \times S$（kg）となる．この場合の力は重力であり，質量×重力加速度（9.8 m/s^2）だから圧力は，重力を面積である S で除して，$13600 \times 0.76 \times 9.8 = 101293$ Pa となる．したがって 1 気圧は，

$$1\,気圧\ (= 1\,atm) = 760\,mmHg = 1013\,hPa$$

* 圧力は，容器の中にある分子が容器の壁を押す力に関係する．たとえば，温度を一定に保ち，容器の体積が V の場合，壁に当たる個数が n 個，圧力が P とするとき，容器の体積が 2 倍になり $2V$ となると，壁にあたる個数は $n/2$ 個になるから，圧力は $P/2$ となる．これがボイルの法則である．同様に，P が一定の場合のシャルルの法則も理解できる．

確認問題

27 ℃，1013 hPa で，体積が 10.0 L の気体がある．この気体の温度と圧力を 100 ℃，2026 hPa にすると，体積は何 L になるか．

答：4.02 L

【断熱変化（adiabatic change）】

圧力を変化させたときの体積はボイルの法則に従うことを述べたが，ボイルの法則は気体の温度が変化しないようにゆっくりと体積を変化させたときのみに成立する（熱力学ではこのような変化を可逆変化という）．気体の体積を急激に変化させると気体は外部との熱のやり取りができないので，気体自身の温度が変化する．こうした変化ではボイルの法則は成り立たなくなってしまう．たとえば気体を急激に圧縮すると，気体は外部からのエネルギーを得ることによって発熱しその温度が上がる．物理実験室などにある圧縮発火器やディーゼル・エンジンの軽油と空気の混合蒸気の自己着火はこのことを利用している．

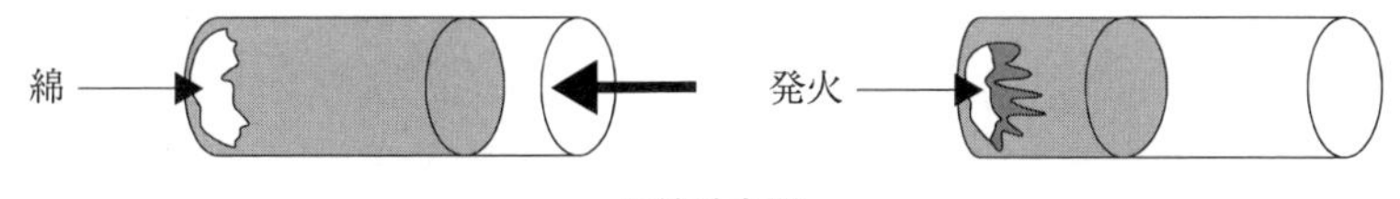

圧縮発火器

このような断熱過程における気体の圧力と体積の関係は，次式の**ポアソンの法則**（Poisson's law）に従う．なお γ は圧縮比と呼ばれている．

$$PV^{\gamma} = k \ (k：定数) \quad または \quad P_1V_1^{\gamma} = P_2V_2^{\gamma}$$

【気体の凝縮】

シャルルの法則によれば，気体の体積は絶対温度が 0 のとき（−273 ℃のとき）に 0 になるはずである．しかし気体の体積が 0 になることなど考えられない．実際には気体の温度を下げていくと凝縮が生じて液体になってしまう．

実際には，気体の温度を下げていったときの体積変化は右図のようになる．右図において T_L において気体の体積が 0 になっているところで，凝縮が起っているのである．したがって，実際には温度を下げながら気体としての体積を測定し続けることは気体自身の凝縮が起ってしまうので不可能である．

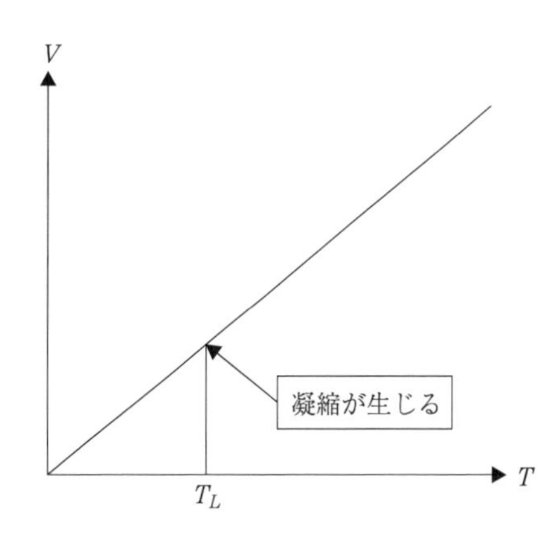

5.3 気体の状態方程式

化学式と物質量の箇所で，標準状態（0 °C，1013 hPa）における 1 mol の気体の体積は 22.4 L（$= 22.4\times10^{-3}$ m³）であることを学んだ．したがって，標準状態における n mol の気体の体積は，$22.4\times10^{-3} n$ m³ である．これらの値をボイル・シャルルの法則に代入すれば，定数である k を求めることができる．すなわち，$P=101300$ Pa，$T=273$ K，$V=22.4\times10^{-3}n$ m³ を代入して整理すれば，

$PV = nRT$　R は 8.314 J/K mol であり，気体定数という

これを気体の状態方程式（equation of state）という．この式は温度，圧力，体積が変化したときに適用できるボイル・シャルルの法則と異なり，ある決まった状態にある気体についてのものである．温度，圧力，体積，物質量のどれか 3 つがわかれば，残りの 1 つを求めることができる．

具体例

物質量は質量をモル質量で除したものであるから，気体の状態方程式は質量を w（g），モル質量を M（g/mol）とすると次式のように表すこともできる．

$$PV=\frac{w}{M}RT$$

この式は，次式のように書き換えることができることからわかるように，気体のモル質量（M：分子量や原子量）や密度（w/V）を求める場合に用いることもできる．

$$M = \frac{wRT}{PV} \quad \text{または} \quad \frac{w}{V} = \frac{PM}{RT}$$

発　展

気体定数（gas constant）は，圧力や体積の単位が異なるとその値も変わるので注意しなければいけない．圧力を Pa，温度を K，体積を m³ で表したときは，$R=8.314$ J/K mol となることは述べた．圧力と温度の単位は同じで体積の単位を L とするなら，$R=8.314\times10^3$ Pa L/K mol となる．
また，圧力を気圧（atm），温度を K，体積を L とすると R は，

$$R = \frac{PV}{T} = \frac{1\times22.4}{273} = 0.082 \quad \text{L atm/K mol}$$

確認問題

① ある気体 1 L の質量を測定したところ，0 °C，1013 hPa で 0.179 g であった．この気体の分子量はいくらか．

② 窒素（N_2）は 27 °Cにおいて，1024 hPa の圧力を示す．窒素の密度は何 g/L か．

答：① 4.01，② 1.15 g/L

【理想気体と実在気体】

実際の気体（実在気体）は温度が低く圧力が高くなってくると，気体の状態方程式には従わなくなる．常温・常圧付近では実在気体も状態方程式に従うものが多い．厳密に状態方程式に従う気体を，**理想気体**（ideal gas）という．理想気体は気体分間には分子間力などの何の力も働かず，気体分子自身の体積もないと考えている気体である．

【ファンデルワールスの式】

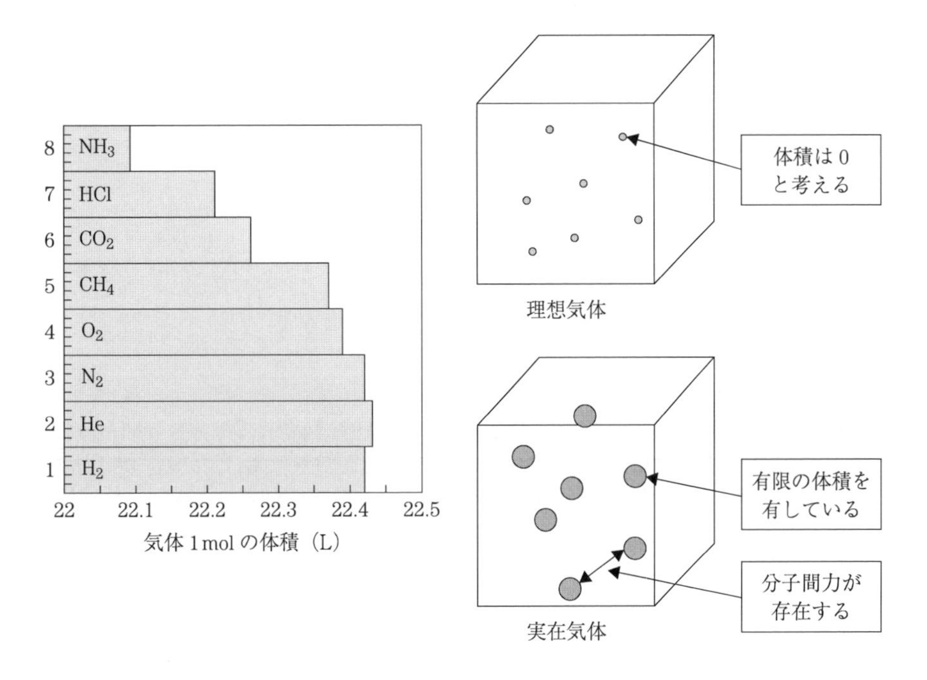

上のグラフはいくつかの実在気体の 1 mol の体積を示したものである．極性がなく比較的小さい気体はほぼ 22.4 L であり，理想気体とみなしうる．しかし極性があり分子間力が働く分子ほど 22.4 L よりも小さくなっている．

1873 年ファンデルワールスは，実在気体も状態方程式で表そうとして，分子の占める体積と分子間力に関する補正を加えた状態方程式を提出した．これを**ファンデルワールス式**（van der Waals equation）といい，次式のようになる．ここで，a と b は分子間力と体積の補正に関する各気体に固有の定数である．

$$\left(P + \frac{an^2}{V^2}\right)(V - nb) = nRT$$

水素において，$a=0.035$，$b=0.0266$ であり，補正項が小さく理想気体に近いことがわかる．

5.4 混合気体

二種類以上の気体が混ざり合ったものが混合気体である．混合気体およびその成分気体についても気体の状態方程式が成立する．混合気体中の各成分気体の割合は，**モル分率**（mole fraction）や**体積分率**（volume fraction）で表される．全物質量を n (mol)，成分の物質量を n_i（mol）とすると，モル分率は n_i/n（mol）である．また全体積を V，成分の体積を V_i とすると体積分率は V_i/V である．圧力と温度が一定のとき，モル分率と体積分率は等しい．

混合気体が示す圧力を**全圧**（total pressure），各成分気体が単独で混合気体と同じ体積を有するときに示す圧力を**分圧**（partial pressure）という．全圧は各成分気体の分圧の和に等しくなる．これを**ドルトンの法則**（Dalton's law）あるいは**ドルトンの分圧の法則**という．

混合気体を1種類の仮想的な分子からなるとみなし，混合気体1 mol の質量（g）の数値を見かけの分子量という．見かけの分子量は一種の平均分子量である．

具体例

混合気体の全圧を P，成分気体の分圧をそれぞれ p_A，p_B，p_C，…のように表し，混合気体の全物質量を n，成分気体の物質量をそれぞれ n_A，n_B，n_C，…のように表し，成分気体の分子量をそれぞれ n_A，n_A，n_A，…のように表すとドルトンの法則，分圧，見かけの分子量 $\overline{M}$ は以下の式のように表すことができる．

ドルトンの法則：　$P = p_A + p_B + p_C + \cdots\cdots$

分圧：　$p_A = P \times \frac{n_A}{n}$　$p_B = P \times \frac{n_B}{n}$　$p_A = P \times \frac{n_C}{n}$ ……

見かけの分子量：　$\overline{M} = M_A \times \frac{n_A}{n} + M_B \times \frac{n_B}{n} + M_C \times \frac{n_C}{n} + \cdots\cdots$

発　展

混合気体においては，成分気体の体積の加成性も知られている．これを**アマガーの法則**（Aamagat's law）という．混合気体の全体積を V，成分気体の体積をそれぞれ v_A，v_B，v_C，…のように表すと，次式のようになる．

$$V = v_A + v_B + v_C + \cdots\cdots$$

実在気体の場合，ドルトンの法則は成立しないが，アマガーの法則は成立することがある．

確認問題

1013 hPa の大気中には，体積分率で窒素が 0.781，酸素が 0.210 含まれている．大気中の窒素と酸素の分圧を求めよ．

答：窒素＝791 hPa，酸素＝213 hPa

【気体分子の運動】

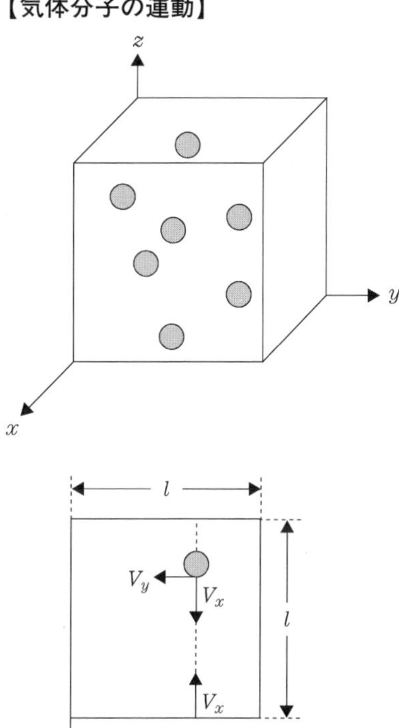

一辺が l の長さの立方体の中で速度 v で運動している気体分子を考える（左図）．v の x 成分を v_x とすると，一回壁に衝突すると速度は $-v_x$ となるから（衝突によるエネルギー損失はないとしている），速度の変化は $v_x-(-v_x)=2\,v_x$ である．1 秒間に壁に衝突する回数は $v_x/2\,l$ であるから，時間あたりの速度変化（dv_x/dt）は，

$$\frac{dv_x}{dt}=2\,v_x\times\frac{v_x}{2\,l}=\frac{{v_x}^2}{l} \qquad \cdots\cdots\cdots(1)$$

気体分子は x，y，z のどの方向にも一様に運動しているとすると（速度の等方性），$v_x=v_y=v_z$ だから，$v^2={v_x}^2+{v_y}^2+{v_z}^2=3\,{v_x}^2$．これを上式に代入して，

$$\frac{dv_x}{dt}=\frac{v^2}{3\,l} \qquad \cdots\cdots\cdots(2)$$

他方，運動方程式より $f=ma_x=mdv_x/dt$ であり，気体分子がアボガドロ数（N_A）個あるとすると，力 F は $F=N_Amdv_x/dt$．

圧力 P は壁の面積が l^2 であることから，$P=F/l^2$．l^3 は体積 V であることも考慮すると，

$$P=N_A\frac{mv^2}{3\,l^3} \qquad PV=N_A\frac{mv^2}{3} \qquad \cdots\cdots\cdots(3)$$

1 mol の気体の状態方程式が $PV=RT$ であり，N_Am がモル質量 M であるから，気体の速度は，

$$v=\sqrt{\frac{3\,RT}{M}} \qquad \cdots\cdots\cdots(4)$$

この速度の式によると，たとえば 27 °C の酸素では，$M=32\times10^{-3}$ kg/mol，$T=300$ K，$R=8.314$ J/K mol を代入すると，$v=483.6$ m/s となる．これは時速に換算すると 1740 km/h にもなり，気体がいかに高速で運動しているかがわかる．

5.5 固体の溶解度

水に少量の塩化ナトリウムを溶かすと透明な水溶液になる．このように物質が溶けて均一な溶液になることを**溶解**（dissolution）という．イオン結晶や極性を有する物質は同様に水などの極性を有する溶媒に溶解しやすく，逆に極性を持たないか極性が乏しい物質は無極性溶媒に溶解しやすい．

ある一定温度において，溶媒100 gに溶解する溶質（固体）の質量（g）を**溶解度**（solubility）という．溶質が溶解度に相当する量まで溶媒に溶解した溶液を**飽和溶液**（saturated solution）という．固体の溶解度は温度が高くなるほど増加するものが多い．温度と溶解度の関係について示した曲線を**溶解度曲線**（solubility curve）という．溶解度が分ると固体の溶解量や析出量を求めることもできる．

具体例

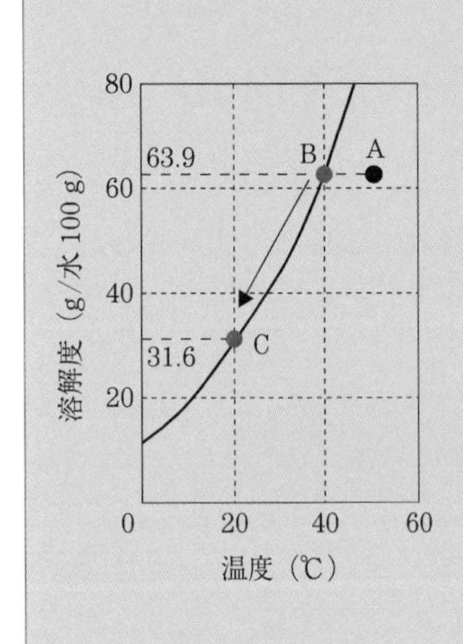

左図は硝酸カリウム（KNO_3）の水に対する溶解度曲線である．いま50 ℃の水100 gにKNO_3を63.9 gを溶解させた溶液（図中A）を20 ℃まで冷却していくとどうなるかをみてみよう．40 ℃になったとき溶解度に達して飽和溶液となる（図中B）．さらに冷却するとKNO_3が析出し始め溶液はずっと飽和状態のまま，析出量が増加していく．20 ℃に達すると，63.9－31.6＝32.3 gが析出した飽和溶液となっている．

飽和溶液を調製するときの溶解量や飽和溶液を冷却したときの析出量は，溶質が結晶水を持たない場合，次式のようになる．

$$\frac{\text{溶解量(g)}}{\text{飽和溶液量(g)}} = \frac{s}{100 + s}$$

$$\frac{\text{析出量(g)}}{\text{飽和溶液量(g)}} = \frac{s_2 - s_1}{100 + s_2}$$

s，s_1，s_2：溶解度　$s_1 < s_2$

発　展

イオン結晶や極性分子が溶解するときに現象的には同じように見えるが，微視的にみると異なる様式で溶解している．イオン結晶が水に溶解す場合，イオン結晶が電離して生じた陽イオンと陰イオンに，極性溶媒分子である水がゆるく結合して溶解している．これを**水和**（hydration）といい，水和されているイオンを**水和イオン**（hydrated ion）という．極性分子であるエタノールなどが水に溶解する場合，エタノールと水分子間に水素結合が形成されて溶解している．ヨウ素などの分子結晶がベンゼンなどの無極性溶媒に溶解する場合は，互いに混じり合うだけである．

確認問題

40 °Cの KNO_3 の飽和水溶液を 200 g 調製するには，溶解させる KNO_3 は何 g か．またこの飽和溶液を 20 °Cに冷却すると KNO_3 の析出量は何 g か．

答：溶解量＝80.0 g，析出量＝39.4 g

【結晶水を有する物質の溶解と析出】

結晶水を有する結晶を水に溶解させたとき，結晶水は溶媒である水と同化する．他方，飽和水溶液を冷却することによって，結晶水を有する結晶が析出してくる場合には，その結晶が溶媒である水を取り込みながら析出してくることになるので，溶媒である水の量は減少することになる．結晶水を有する結晶についても飽和溶液量に着目して扱うことが基本である．

(例 1) 40 °Cの $CuSO_4$ の飽和水溶液を 300 g 調製したい．$CuSO_4{\cdot}5\,H_2O$ は何 g 溶解させればよいか．ただし，40 °Cの $CuSO_4$ の溶解度は 28.7 として計算せよ．

溶解度が 28.7 ということは，100 g の水に $CuSO_4$ が 28.7 g 溶解して飽和溶液になるということであるので，

$$\frac{溶解量\ (g)}{飽和溶液量\ (g)} = \frac{28.7}{100 + 28.7} \qquad \cdots\cdots\cdots(1)$$

$CuSO_4{\cdot}5\,H_2O$ の式量は 250，$CuSO_4$ の式量は 160，$5\,H_2O$ の式量は 90 である．つまり，$CuSO_4{\cdot}5\,H_2O$ が 250 g 溶解すると 160 g の $CuSO_4$ が溶解したことになる．したがって求める $CuSO_4{\cdot}5\,H_2O$ の溶解量を x (g) とすると，調製する飽和水溶液が 300 g なので，

$$\frac{溶解量\ (g)}{飽和溶液量\ (g)} = \frac{(160/250)\,x}{300} \qquad \cdots\cdots\cdots(2)$$

(1)式＝(2)式より，x＝**104.5 g** と求められる．

(例 2) 60 °Cの $CuSO_4$ の飽和水溶液 150 g を 20 °Cに冷却した．何 g の $CuSO_4{\cdot}5\,H_2O$ が析出するか．ただし $CuSO_4$ の溶解度は，60 °Cで 39.9，20 °Cで 20.2 である．

求める析出量を x (g) とすると，20 °Cの飽和水溶液は 150－x (g) になる．60 °Cの飽和水溶液中に含まれる $CuSO_4$ 量は $150\times\{39.9/(100+39.9)\}$ であり，20 °Cに冷却して x (g) 析出することによって $CuSO_4$ は $(160/250)\,x$ (g) 失われるから，20 °Cの飽和水溶液中に含まれる $CuSO_4$ の量は，

$$150 \times \frac{39.9}{100+39.9} - \frac{160}{250}x \qquad \cdots\cdots\cdots(3)$$

よって，

$$\frac{溶解量\ (g)}{飽和溶液量\ (g)} = \frac{150 \times \frac{39.9}{100+39.9} - \frac{160}{250}x}{150 - x} = \frac{20.2}{100 + 20.2} \qquad \cdots\cdots\cdots(4)$$

これを解いて，x＝**37.2 g** と求められる．

5.6　気体の溶解度

1013 hPa，一定の温度・圧力の下で一定量の水に溶解する気体の量が気体の溶解度である．気体の溶解度は1013 hPaの下で水1 mL(= 1 cm³)に溶解できる最大量の体積（mL）を標準状態（1013 hPa，0 ℃）に換算した値で示され，吸収係数とも呼ばれる．気体の溶解度は温度が高くなればなるほど，小さくなる．

溶解度が小さい気体については，温度が一定で一定量の液体に溶解する気体の物質量（mol）は，その気体の圧力に比例する．これを**ヘンリーの法則**（Henry's law）という．

具体例

気体Aの圧力（分圧）をp_A，溶解した気体の物質量をn_A，溶解した気体の質量をm_Aとすると，ヘンリーの法則は以下の式のようになる．なお，k_Aとk'_Aは定数である．

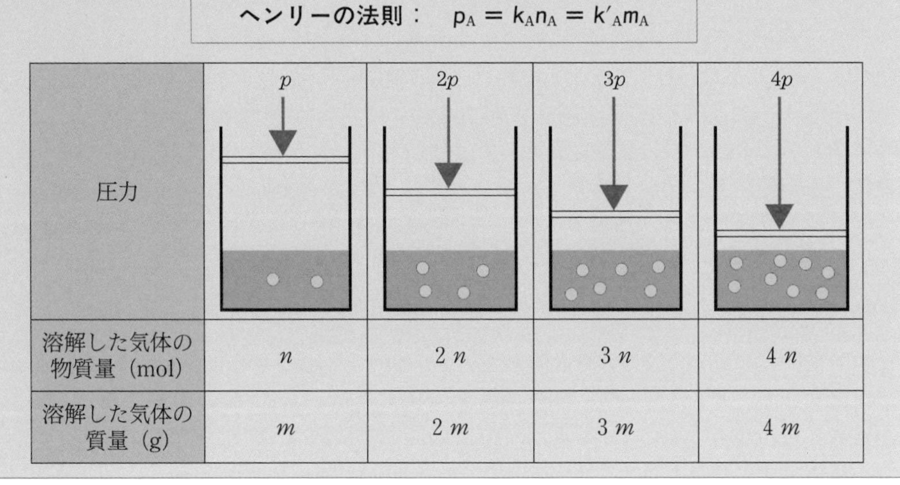

ヘンリーの法則： $p_A = k_A n_A = k'_A m_A$

圧力	p	$2p$	$3p$	$4p$
溶解した気体の物質量（mol）	n	$2\,n$	$3\,n$	$4\,n$
溶解した気体の質量（g）	m	$2\,m$	$3\,m$	$4\,m$

発　展

ヘンリーの法則では，気体の圧力が2倍，3倍になると，溶解する気体の物質量や質量も2倍，3倍になる．しかし，その圧力の下で溶解している気体の体積は同じである．これはボイルの法則によって圧力と体積が反比例の関係にあるからである．もちろん溶解している気体の体積を標準状態に換算すると，その体積が圧力に比例していることがわかる．

確認問題

0 ℃，200 hPa の酸素と接している水 100 L には，酸素何 g が溶解しているか．ただし，0 ℃，1013 hPa における酸素の水 1 L に対する溶解量は 2.18×10^{-3} mol である．

答：1.38 g

【気体の溶解度を用いた混合気体の溶解量の計算】

気体の溶解度（吸収係数）は，1013 hPa において，水 1 mL に溶解しうる気体の体積を標準状態（0 ℃，1013 hPa）における体積（mL）に換算したものである．下表に一例を示すが，この溶解度を用いヘンリーの法則により，圧力や接する水の体積が異なる場合の，気体の溶解度を計算することができる（なぜ，高温になると溶解度が減少するのか考えてみよう）．

温度(℃) ＼ 気体	H_2	N_2	O_2	CO_2	NH_3	HCl
0	0.022	0.024	0.049	1.71	477	517
20	0.018	0.016	0.031	0.87	319	442
40	0.016	0.012	0.023	0.53	206	386
60	0.016	0.010	0.019	0.36	130	339

なお溶解度の大きい NH_3 や HCl についてはヘンリーの法則が成立しないので，ヘンリーの法則を用いてそれらの溶解度を求めることはできない．以下に，混合気体である空気の窒素と酸素の溶解量の求め方について説明する．

（例）空気を窒素（N_2）と酸素（O_2）の体積比が 4：1 である混合気体として，20 ℃の水 20 L に 1013 hPa で接している空気があるとき，この水中に溶解する N_2 と O_2 の物質量を求めよ．

表を見ると，20 ℃における N_2 の溶解度は 0.016，O_2 の溶解度は 0.031 となっている．これは圧力が 1013 hPa のときに，水 1 mL に溶解した気体の体積を標準状態に換算した体積（mL）である．標準状態における気体 1 mol の体積は 22.4×103 mL であるから，水 20 L（＝ 2×104 mL）に溶解するそれぞれの物質量は，圧力が 1013 hPa のときに，

$$\frac{2\times10^4\times0.016}{22.4\times10^3}=0.0143\ \text{mol}\qquad\frac{2\times10^4\times0.031}{22.4\times10^3}=0.0277\ \text{mol}\qquad(1)$$

空気中の N_2 の体積分率は 4/(1+4)＝0.8，O_2 の体積分率は 1/(1+4)＝0.2 であるから，N_2 の分圧は 0.8×1013，O_2 の分圧は 0.8×1013 となる．圧力が 1013 hPa の場合の物質量は(1)式のとおりであり，ヘンリーの法則より溶解量は分圧に比例するから，それぞれの溶解した気体の物質量は，

N_2：0.8 × 0.0143 ＝ **0.0114 mol**　　O_2：0.2 × 0.0277 ＝ **0.00554 mol**　　(2)

5.7　濃　度（質量パーセント濃度）

私たちは，お茶やコーヒーなど身近な飲み物について濃い・薄いということがある．「濃い」といえば何かがたくさん入っているということが判る．同様に溶液中に溶解している溶質の濃さを表すものが濃度（concentration）である．濃度が大きければ大きいほど，その溶液に溶質が多く溶解していることを意味している．濃度にはいくつかの種類がある．質量パーセント濃度（percent concentration of mass）は，溶液の質量に対する溶質の重さの百分率で表される．

具体例

質量パーセント濃度を式で示すと，次のようになる．

$$\text{質量パーセント濃度（\%）} = \frac{\text{溶質の質量（g）}}{\text{溶液の質量（g）}} \times 100 = \frac{\text{溶質の質量（g）}}{\text{溶媒の質量（g）} + \text{溶質の質量（g）}} \times 100$$

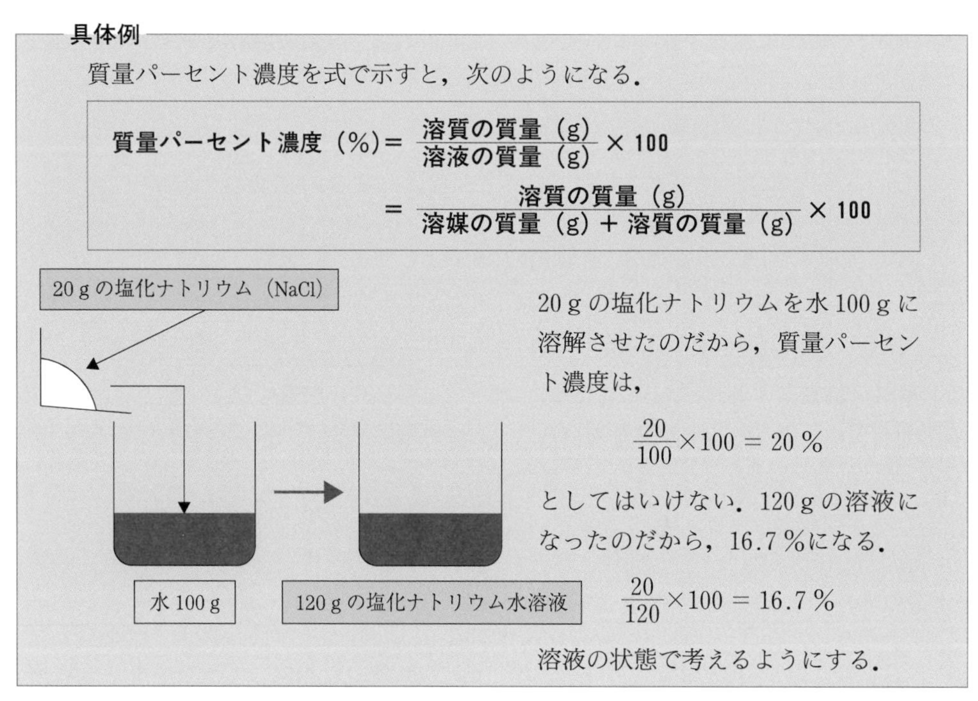

20 g の塩化ナトリウムを水 100 g に溶解させたのだから，質量パーセント濃度は，

$$\frac{20}{100} \times 100 = 20\ \%$$

としてはいけない．120 g の溶液になったのだから，16.7 %になる．

$$\frac{20}{120} \times 100 = 16.7\ \%$$

溶液の状態で考えるようにする．

発　展

ppm（parts per million），ppb（parts per billion），ppt（parts per trillion）

これらは濃度が非常に小さいときに用いられるもので，ppm は 10^6 分の 1，ppb は 10^9 分の 1，ppt は 10^{12} 分の 1 を表している．たとえば，6 ppm の溶液なら 10^6 g の溶液中に 6 g の溶質が含まれていることになる．なお，質量パーセント濃度との関係は，1 ppm $=10^{-4}$ %，1 ppb $=10^{-7}$ %，1 ppt $=10^{-10}$ %，である．

確認問題

① 市販のオキシドールは，質量パーセント濃度が3％の過酸化水素（H_2O_2）である．このオキシドール400 g中に含まれている過酸化水素は何gか．

② ショ糖5 gを200 gの水に溶解させた．このショ糖水溶液の質量パーセント濃度は何％か．

答：① 12 g，② 2.44％

具体例では，固体を水などの溶媒に溶解させた場合の質量パーセント濃度についてみてきた．濃硫酸を水に溶解させて希硫酸を調製する場合，濃硫酸は液体である．液体の場合，質量を測定するよりもメスシリンダーやホールピペットなどを用いると簡単に所定量の体積を測定できる．したがって体積を質量に換算できれば，質量パーセント濃度を求めることができる．この換算を行うのに，その液体の密度（density）や比重(specific gravity）を用いる．密度（g/cm^3）は

$$\text{密度}\ (g/cm^3) = \frac{\text{質量}\ (g)}{\text{体積}\ (cm^3)}$$

で与えられcm^3とmLは同じなので，質量（g）＝密度（g/mL）×体積（mL）より，体積を質量に換算することができる．比重は水に対する質量で，水の密度がほぼ1であることを考慮すると，比重の値と密度は等しい（ただし比重には単位がない）．

（例1）市販の濃硫酸（H_2SO_4）の密度は1.84 g/mLであり，硫酸の質量パーセント濃度は95％である．濃硫酸200 mL中に硫酸は何g含まれているか．

200 mLの濃硫酸の質量は，1.84×200＝368 gである．質量パーセント濃度が95％だから，含まれる硫酸の質量（g）は，368×0.95 ＝ **349.6 g**．

（例2）ある市販の過酸化水素水100 mLには，過酸化水素が33.4 g含まれていた．この過酸化水素水の質量パーセント濃度は何％か．ただし，この過酸化水素水の比重は1.11である．

比重と密度は同じ値なので過酸化水素水の質量は，1.11×100＝111.1 g．したがってこの過酸化水素水の質量パーセント濃度は，

$$\frac{33.4}{111.1} \times 100 = \mathbf{30.1\ \%}$$

5.8 濃　度（モル濃度と質量モル濃度）

化学においては物質の量を表すのに物質量（mol）をよく使用する．そこで溶液1L中に溶解している溶質の物質量（mol）を示す**モル濃度**（molar concentration）（単位はmol/L）と，溶液の溶媒1kg中に対して溶解している溶質の物質量(mol)を示す**質量モル濃度**(morality)(単位はmol/kg)が用いられる．

具体例

モル濃度と質量モル濃度を式で示すと，次のようになる．

$$\text{モル濃度}\ (\text{mol/L}) = \frac{\text{溶質の物質量}\ (\text{mol})}{\text{溶液の体積}\ (\text{L})}$$

$$\text{質量モル濃度}\ (\text{mol/kg}) = \frac{\text{溶質の物質量}\ (\text{mol})}{\text{溶媒の質量}\ (\text{kg})}$$

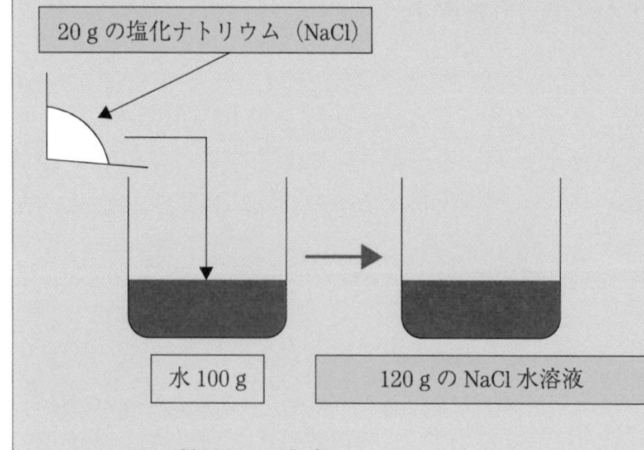

前節の具体例と同じ塩化ナトリウム水溶液について，その水溶液の密度を1.01 g/cm³としてモル濃度と質量モル濃度を求めてみよう．

20gのNaClの物質量は，NaClのモル質量が58.5 g/molだから，20/58.5＝0.342 molである．溶媒の質量は100g（0.100 kg）であるから，質量モル濃度は，

$$0.342/0.100 = 3.42\ \text{mol/kg}$$

溶液の体積は密度を用いて，120/1.01＝118.8 mL (0.119 L) だから，モル濃度は，

$$0.342/0.119 = 2.87\ \text{mol/L}$$

発　展

溶液の濃度が非常に小さい希薄溶液ならば溶質である分子やイオンは溶液内を自由に動けるが，濃度が高くなってくると静電的引力などで自由に動けなくなる．その場合には，濃度の代わりに活量（activity）を用いる．活量は実際に働く濃度のようなものである．濃度活量を a，モル濃度を c とすると，活量は濃度に比例し，$\boldsymbol{a=\gamma c}$ のように表される．γ を活量係数（activity coefficient）という．希薄溶液の場合，$\gamma=1$ とみなさるので，活量とモル濃度は等しくなる．

確認問題

ある食酢中に含まれる酢酸（CH_3COOH）質量パーセント濃度は5％であった．この食酢中に含まれる酢酸のモル濃度と質量モル濃度を求めよ．なおこの食酢の密度は，1.00 g/cm^3 であった．

答：モル濃度＝0.833 mol/L，質量モル濃度＝0.833 mol/kg

ここまで質量パーセント濃度，モル濃度，質量モル濃度についてみてきたが，それらの互いの関係はどうなっているのだろうか．それらの関係は溶質のモル質量（g/mol）と溶液の密度（g/cm^3）を用いて導出できる．

たとえば，質量パーセント濃度を a（%）の溶液 100 g について考えてみよう．この 100 g の溶液に溶解している溶質の質量は，a (g) である．溶質のモル質量を M（g/mol）とすると，溶質の物質量は a/M（mol）となる．溶液の密度を d（g/cm^3）とすれば，溶液の質量は 100 g だから体積は $100/d$（cm^3），すなわち $1/10\,d$（L）となる．したがってモル濃度 c（mol/L）は，

$$c = \frac{a/M}{1/10\,d} = \frac{10\,ad}{M}$$

となる．次に質量モル濃度についてみてみよう．溶液の質量が 100 g で溶質の質量が a (g) であるから，溶媒の質量は $100-a$（g），すなわち$(100-a)/1000$（kg）である．溶質の物質量は a/M（mol）だから質量モル濃度 m（mol/kg）は，

$$m = \frac{a/M}{(100-a)/1000} = \frac{1000\,a}{(100-a)\,M}$$

となる．同様に他の濃度との関係も導出することができる．以下にその関係を示す．

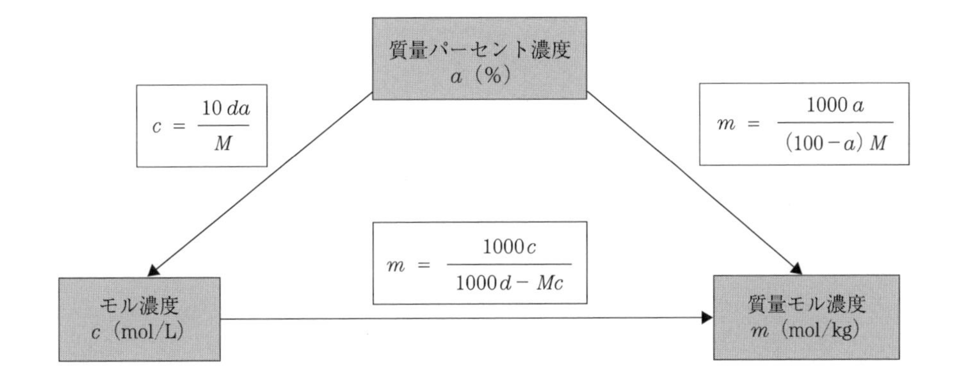

5.9 コロイド（物理的性質）

1〜100 nm 程度の粒子を**コロイド**（colloid）または**コロイド粒子**（colloidal particle）といい，コロイドが均一に分散した溶液を**コロイド溶液**（colloidal solution）という．このときコロイド粒子を**分散質**（dispersoid），コロイド溶液を均一に分散させている物質を**分散媒**（dispersion medium）という．デンプン水溶液や牛乳などは身近にあるコロイド溶液である．コロイド溶液は真の溶液とは異なり，独特の性質を示す．**チンダル現象**（Tyndall phenomenon），**ブラウン運動**（Brownian motion），**電気泳動**（electrophoresis）などはコロイド溶液が示す代表的な物理的性質である．

具体例

チンダル現象（光学的現象）

コロイド溶液に光を当てると光の進路がはっきり見える現象

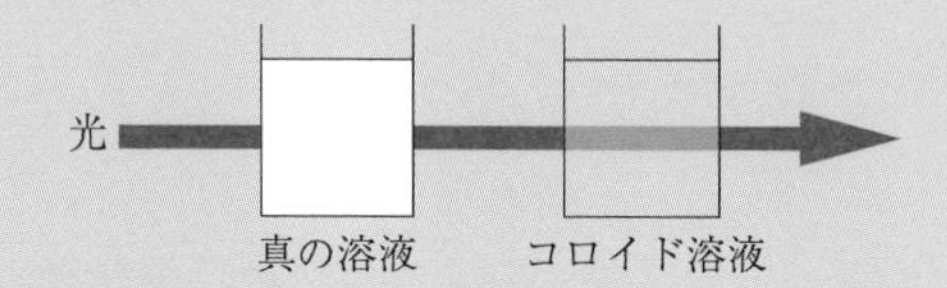

ブラウン運動（機械的現象）

溶媒分子が激しく運動して，コロイド粒子に周囲から不規則に衝突した結果，コロイド粒子が直線的で不規則な運動をする現象

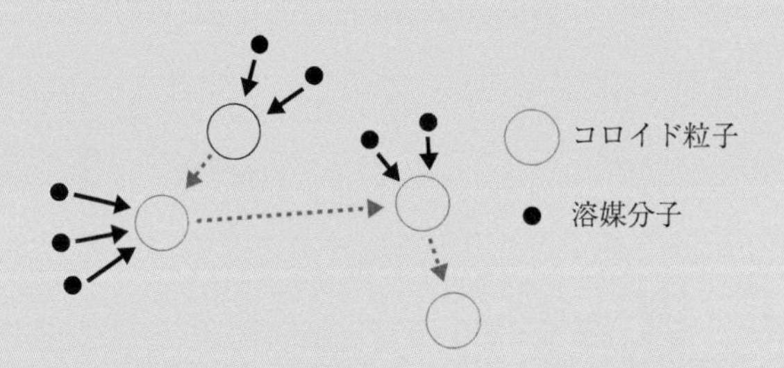

電気泳動（電気的現象）

コロイド溶液に直流電圧をかけると，コロイド粒子が一方の電極に移動する現象

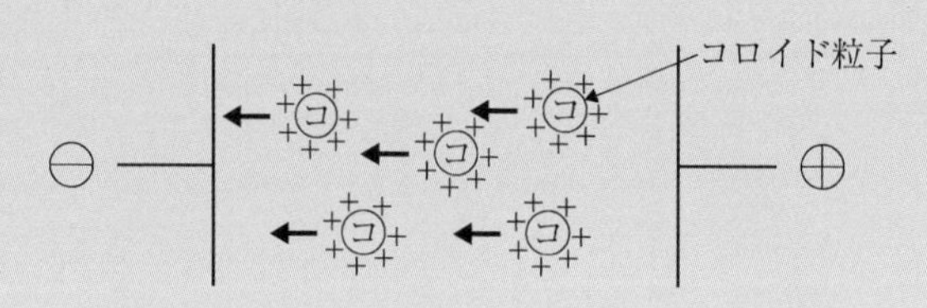

前項でコロイド溶液の示す3つの物理的性質を示したが，ここではそれらをもう少し詳しくみていこう．

チンダル現象はコロイド溶液の示す代表的な光学的性質である．真の溶液では溶液中で光は散乱されず，結果として光の進路は確認できない．しかしコロイド溶液では，光はコロイド粒子により散乱しその散乱光によって，コロイド溶液中に光の進路がはっきりと確認できる．散乱光強度（I）は，散乱体体積 v と入射光波長（λ）との間には Reyleigh の式といわれる次式が成立する（K は比例定数）．

$$I = K\frac{v^2}{\lambda^4}$$

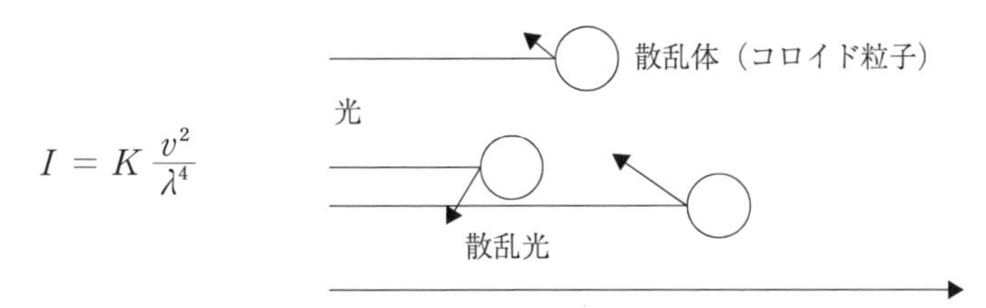

この式から，散乱体体積すなわちコロイド粒子が大きく，また光の波長が短いほど光の進路をはっきりと確認できることがわかる．

ブラウン運動は，コロイド溶液以外でも，線香の煙などの気相中でも確認することができる．これはコロイド粒子と同程度の粒径を持つ線香の煙に，激しく運動する空気中の気体分子が衝突することに生じるものである．

電気泳動は，コロイド粒子が正や負に帯電しているから生じるものである．生物学の分野ではDNAやタンパク質を分離する手法として応用されている．

以上3つの性質以外に医療などの分野で利用されているコロイドの性質に透析（dialysis）がある．不純物が含まれているコロイド溶液において半透膜を利用してコロイド溶液から不純物を除く操作である．人工透析は血液（コロイド溶液）中に含まれる不要物（不純物）を取り除き血液を浄化する手法であり，腎臓病などの治療には欠かせない手法となっている．

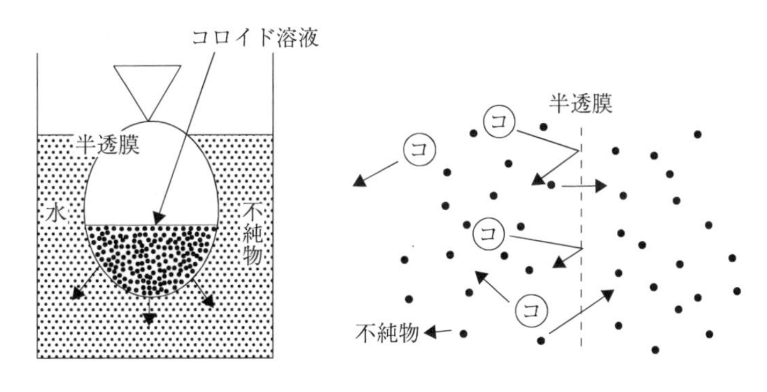

5.10　コロイド（化学的性質）

化学的には，コロイドは水になじみにくい**疎水コロイド**（hydrophobic colloid）と水となじみやすい**親水コロイド**（hydrophilic colloid）に分類できる．疎水コロイドに親水コロイドを加えて親水処理したものを**保護コロイド**（protective colloid）という．疎水コロイドに少量の電解質を加えると沈澱するが，その現象を**凝析**（coagulation）という．また親水コロイドに多量の電解質を加えると沈澱するが，その現象を**塩析**（salting out）という．

具体例

保護コロイド

疎水コロイドを親水処理して親水コロイドにしたもの．疎水コロイドである炭素のコロイドに，にかわなどの親水コロイドを加えて保護コロイドにしたものが墨汁である．

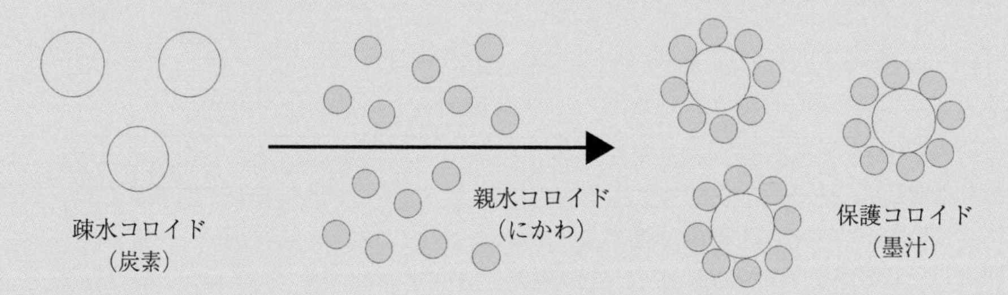

凝　析

同一のコロイド粒子は同種の電荷を帯びているためお互いに反発し，またブラウン運動により動き回っているために通常は沈澱しない．しかし電解質を加えることにより，電荷は中和され反発力を失い沈澱する．この現象を凝析という．

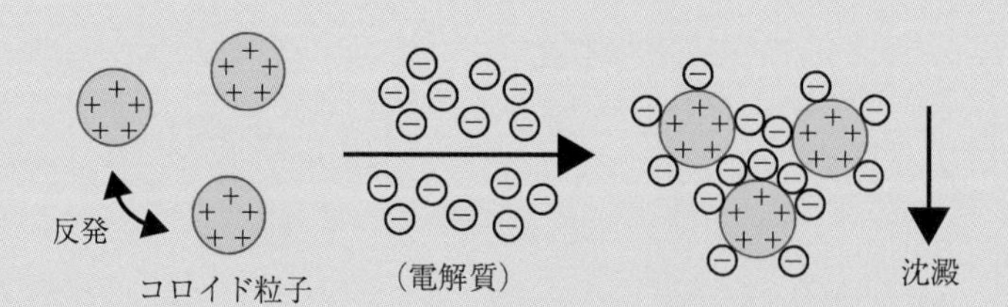

塩　析

親水コロイドはコロイド粒子の周りを水分子が取り巻いているため，微量の電解質を加えても沈澱することはない．しかし多量の電解質を加えていくと，水和している水分子が取り除かれ沈澱することがある．この現象を塩析という．

セッケンはなぜ油汚れを落とすことができるのであろうか．実はセッケンの分子は細長いマッチ棒のような形状をしていて，同じ分子の中に水となじみやすい部分（**親水基**（hydrophilic group））となじみにくい部分（**疎水基**（hydrophobic group））を有している．セッケン分子がいくつか集まり疎水基の部分で油汚れをとらえてミセルと呼ばれるハリネズミのような構造をとる．セッケン分子のミセルは周囲が親水基でできているため，水となじみやすく油汚れを中心部分に閉じ込めたまま水で洗い流され，結果として油汚れが落ちるのである．

セッケン分子がミセルを作るために必要な最少の濃度を**臨界ミセル濃度**（critical micelle concentration, CMC））という．つまりセッケン分子の濃度が臨界ミセル濃度以下であればミセルを形成できないため汚れを落とす能力は低くなる．逆に高すぎても球状のミセルが効率よく形成できず，汚れを落とす能力は低下する．セッケン（洗剤）は適量を使用するのが良いのはそういう理由もあるのである．

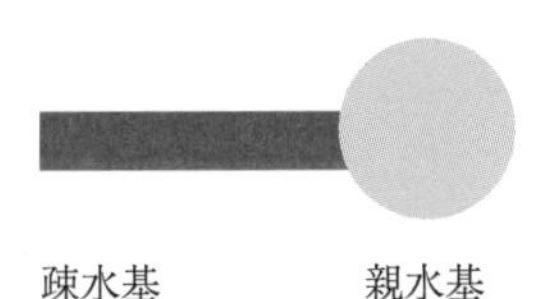

セッケンのミセル

ミセルは一般的に両親媒性物質（親水基と疎水基を有する物質）を水に溶かし濃度を上げていくと，ある濃度で突然，現れる．その濃度が先に述べた臨界ミセル濃度である．最初に形成するミセルは上図にあるような球状をしており，一般的に直径が数十ナノメートルである．すなわちコロイド粒子に相当する大きさである．両親媒性物質の濃度をさらに上げていくと，ミセルは徐々に層状へと変化していく．このミセルを形成することで，本来まじりあわないために2層に分離している液体を分散し1層にすることができる．それを**乳化**（emulsification）といい，乳化のために使用する両親媒性物質を**乳化剤**（emulsifier）という．

マヨネーズは酢と油の2層液体に卵黄を加えることで分散させたものである．卵黄中に含まれる脂質が乳化剤として作用するのである．また，牛乳はある種のタンパク質が乳化剤として作用し，水と脂質を分散させたものである．

このような分散系を**エマルション**（emulsion）と呼ぶが，エマルションは熱力学的に不安定な状態であり，均一に分散した状態は永久に継続するわけではない．古くなったマヨネーズが分離し始めるのもこのためである．牛乳は撹拌など物理的な方法で均一な分散系を破壊して，水分と脂肪分に容易に分離することもできる．その脂肪分がバターである．

章末問題 5

【例題 1】ボイル・シャルルの法則

一定量のある理想気体について，つぎの(1)〜(3)の関係を示すグラフを下の①〜④から選び記号で答えよ．

(1)　温度が一定のときの，気体の圧力 x と体積 y の関係

(2)　圧力が一定のときの，気体の絶対温度 x と体積 y の関係

(3)　温度が一定のときの，気体の圧力 x と（圧力×体積）y の関係

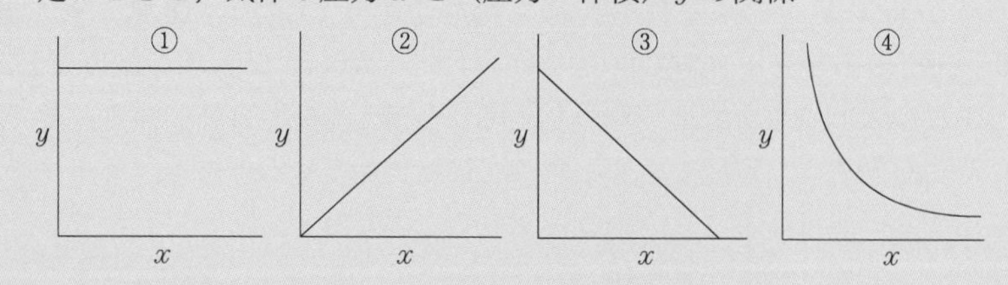

考え方

ボイル・シャルルの法則より，一定量の気体は，温度が一定のとき圧力と体積は反比例する．圧力が一定のとき，絶対温度と体積は比例する．

答　(1)；④，(2)；②，(3)；①

問題 1

27 °C，2.0×10^5 Pa で 5.0 L の気体を，77 °C，4.0×10^5 Pa にすると体積はいくらになるか．

【例題 2】混合気体

塩酸に亜鉛を加えて発生した水素を水上置換で捕集した．捕集した気体の体積は，大気圧下で 350 mL であった．また，このときの温度は 40 °C，大気圧は 1013 hPa であった．捕集した水素の物質量は何 mol か．ただし，40 °Cにおける飽和水蒸気圧は 74 hPa とする．

考え方

捕集容器中の気体は水素と水蒸気の混合気体であるから，水素の分圧は，1013−74＝939 hPa となる．温度は 40 °C，体積も 350 mL とわかっているので状態方程式より物質量を求めることができる．

答　1.3×10^{-2} mol

問題 2

空気を，窒素と酸素が 4：1 の混合気体として以下の問いに答えよ．

①　1.01×10^5 Pa の空気に占める窒素の分圧はいくらか．

②　空気を純物質として見なして分子量を求めるといくらになるか．

答：**（問題 1）** 2.9 L

（問題 2） ①；8.08×10^4 Pa，②；28.8

【例題 3】固体の溶解度

40 ℃の硫酸ナトリウム（Na_2SO_4）の飽和水溶液 100 g を 20 ℃まで冷却したところ，硫酸ナトリウム十水和物（Na_2SO_4•10 H_2O）の結晶が 58.7 g 析出した．Na_2SO_4 の 20 ℃における溶解度を求めよ．ただし Na_2SO_4•10 H_2O の式量は 322，Na_2SO_4 の式量は 142，40 ℃の Na_2SO_4 の溶解度を 48.1 とせよ．

考え方

20 ℃における飽和水溶液を基準に考える．20 ℃における，

$$\frac{溶解量\ (g)}{飽和溶液量\ (g)}$$

の比を，溶解度の値を用いた場合と与えられたデータを用いた場合で求める．まず求めたい溶解度を s とすると，

$$\frac{溶解量\ (g)}{飽和溶液量\ (g)} = \frac{s}{100+s} \quad \cdots\cdots\cdots(1)$$

40 ℃の飽和水溶液中に存在する Na_2SO_4 量は 100×{48.1/(100+48.1)}，20 ℃で析出した Na_2SO_4•10 H_2O によって飽和水溶液中から失われた Na_2SO_4 量は 58.7×(142/322) である．したがって，この差が 20 ℃における飽和水溶液中の Na_2SO_4 量になるから，

$$\frac{溶解量\ (g)}{飽和溶液量\ (g)} = \frac{100\times\dfrac{48.1}{100+48.1}-58.7\times\dfrac{142}{322}}{100-58.7} \quad \cdots\cdots\cdots(2)$$

(1)式と(2)式を等しいとおいて s を求めればよい．

答　19.0

【例題 4】気体の溶解度とヘンリーの法則

40 ℃ににおける CO_2 の溶解度は 0.53 である．40 ℃で CO_2 が 5×1013 hPa の圧力で水 500 mL に接しているとき，この水に溶解した CO_2 は何 g か．

考え方

溶解度は，1 mL の水に 1013 hPa の圧力で接しているときに溶解した気体の体積を標準状態の体積（mL）に換算したものである．したがって，接している水が 500 mL，圧力が 5 倍になったこと，標準状態の気体 1 mol の体積が 22400 mL であることを考慮すると溶解している CO_2 の物質量（mol）が計算できる．質量は CO_2 の分子量から求められる．

答　2.60 g

問題 3

20 ℃のシュウ酸（$H_2C_2O_4$）の飽和水溶液が 200 g ある．この飽和水溶液を加熱して 60 ℃にしたとき，あと何 g のシュウ酸二水和物（$H_2C_2O_4 \cdot 2H_2O$）を溶解させることができるか．$H_2C_2O_4$ の溶解度は，60 ℃で 44.5，20 ℃で 10.2 である．なお，$H_2C_2O_4 \cdot 2H_2O$ の式量は 126，$H_2C_2O_4$ の式量は 90 とせよ．

答：（**問題 3**）106.0 g

【例題 5】濃度（質量パーセント濃度，モル濃度，質量モル濃度）

濃リン酸の密度は 1.69 g/cm^3 であり，リン酸（H_3PO_4）の質量パーセント濃度は 85.0 %である．この濃リン酸中のリン酸のモル濃度と質量モル濃度を求めよ．

考え方

① まず溶液の質量を適当な値に決め，質量パーセント濃度から含まれる溶質の質量を求める．たとえば，溶液の質量を 100 g として質量パーセント濃度から溶質の質量（g）を求める．
② 溶質の質量をモル質量で割ることにより，物質量（mol）を計算する．
③ 物質量（mol）を溶液の体積（L）で割りモル濃度を求める．
④ 物質量（mol）を溶媒の質量（kg）で割りモル濃度を求める．

答

溶液の質量を 100 g とすると，質量パーセント濃度が 85.0 %だから，溶質の質量は 85 g である．リン酸（H_3PO_4）のモル質量は 98.0 g/mol だから物質量は，

$$85 \div 98 = 0.867 \text{ mol}$$

密度が 1.69 g/cm^3 だから溶液の体積は，100/1.69＝59.17 mL，すなわち 0.05917 L となるから，モル濃度は，

$$0.867 \div 0.0592 = 14.7 \text{ mol/L}$$

次に，溶媒の質量は 100－85.0＝15.0 g すなわち，0.0150 kg となるから質量モル濃度は，

$$0.867 \div 0.0150 = 57.8 \text{ mol/kg}$$

問題 4

ある市販の濃塩酸は密度が 1.20 g/cm^3 であり，質量パーセント濃度が 36.5 %であった．この濃塩酸のモル濃度はいくらか．

問題 5

ある市販の濃硫酸は密度が 1.84 g/cm^3 であり，質量パーセント濃度が 96.0 %であった．この濃硫酸のモル濃度はいくらか．また 0.2 mol/L の硫酸水溶液を調製するためには，この濃硫酸を何倍に希釈すればよいか．

答：（**問題 4**）12.0 mol/L，（**問題 5**）18.0 mol/L，90 倍

6 希薄溶液の束一性

自動車のエンジン冷却水には，真水ではなく1,2-エタンジオールの水溶液（不凍液）が用いられている．1,2-エタンジオールの濃度によっては，凝固点を，溶媒である水（0℃）より 50 ℃ も低くすることができるため，寒冷地で凍結によっておこるラジエターの破裂を防ぐことができる．

また，冬場，凍結した路面に塩化カルシウムなどの薬剤（凍結防止剤）を散布するのも，水溶液にすると水よりも凝固点が低くなる現象を利用したものである．

これらの例のように，溶液は純溶媒とは異なる性質を示す．特に，希薄溶液では溶質の種類が何であるかを問わず，溶質粒子の物質量によって決まるという特性を示す．この性質を，束一的性質（colligative property）という．

この章では，不揮発性の希薄溶液の束一的性質として，蒸気圧降下，凝固点降下と沸点上昇，浸透圧などについて学ぶ．これらの現象はすべて同じ原理で生じる．つまり，純粋な溶媒（たとえば水）に別の物質（たとえば塩化ナトリウム）を溶解させると，蒸発，凝固，沸騰を妨げることになる．その妨げる度合いは，溶解量が多いほど大きくなる．蒸発を妨げるのが蒸気圧降下であり，凝固しにくくするのが（0℃よりも低い温度で凝固）凝固点降下である．また，沸騰しにくくするのが（100℃以上で沸騰），沸点上昇である．

6.1　蒸気圧降下

一定温度のもとで，溶媒に不揮発性の溶質を溶解した溶液の示す飽和蒸気圧は溶媒の蒸気圧よりも小さくなる．この現象を，**蒸気圧降下**(vapor pressure depression)という．希薄溶液が示す蒸気圧降下の割合については，以下に示す**ラウールの法則**(Raoult's law) が成り立つ．

具体例

自然に起こる変化は乱雑さの増す方向に進む．蒸発という現象も，溶媒分子が気体となって液体の状態よりも乱れた状態になろうとするために起こる．このとき溶質を溶解して溶液にすると，溶液内部は純溶媒のときよりもより乱れた状態になる．つまり溶液から蒸発する分子の割合は純溶媒よりも少なくなり，その結果，蒸気圧が低下する．

発　展

希薄溶液の，溶媒と溶質の物質量を，それぞれ，n_1，n_2 とすると，溶媒のモル分率 x_1 と溶質のモル分率 x_2 は次の 2 式で表される．

$$x_1 = \frac{n_1}{n_1 + n_2} \qquad x_2 = \frac{n_2}{n_1 + n_2} \qquad (x_1 + x_2 = 1)$$

ラウールは，溶媒の蒸気圧 p_0 に対して溶液の蒸気圧 p が低下する割合は，溶質のモル分率と等しくなることを見出した．これをラウールの法則という．

$$\frac{p_0 - p}{p_0} = \frac{n_2}{n_1 + n_2} = x_2 \qquad \text{または，} \qquad \frac{p}{p_0} = 1 - x_2 = x_1$$

特に，希薄溶液の場合については，溶質の物質量が溶媒に比べて無視できるほど小さいから，上の式は次式のように近似される．

$$\frac{p_0 - p}{p_0} = \frac{n_2}{n_1 + n_2} = \frac{n_2}{n_1}$$

すなわち，蒸気圧降下（$\Delta p = p_0 - p$）は，一定量の溶媒に溶かした溶質の物質量に比例する．

確認問題

ある温度で，不揮発性物質の希薄溶液が示す蒸気圧は純溶媒の蒸気圧よりも低くなる．では，溶液の沸点は，純溶媒と比較してどのように変わると予想されるか．

答：純溶媒の沸点よりも高くなる．

希薄溶液の場合，蒸気圧降下（$\Delta p = p_0 - p$）は，一定量の溶媒に溶かした溶質の物質量に比例する．また前ページの発展にあるラウールの法則を表す式において，n_1 に相当する溶媒量を 1 kg とするとその中に溶けた n_2 に相当する溶質の濃度は質量モル濃度（m mol/kg）のことであるから，この式を書き直すと次式となる．この式から，蒸気圧降下は，溶質の質量モル濃度に比例することがわかる．

$\Delta p = p_0 - p = km$（k は比例定数）

右に水の状態図を示す．水の三重点の温度は 0.01℃で大気圧下の融点とほぼ等しいので，水の融解曲線は y 軸にほぼ平行な直線として表している．圧力 1013 hPa で x 軸と平行な直線が蒸気圧曲線と交わる温度が沸点，融解曲線と交わる温度が凝固点である．右図の水の沸点付近の蒸気圧曲線（A 部）を拡大すると下図 A となる．実線で示した水の蒸気圧曲線に対して，水溶液では Δp だけ蒸気圧が下がるので，水溶液の蒸気圧が 1013 Pa と等しくなる温度は，100 ℃より Δt_b だけ高くなる．また，水の融点付近の融解曲線（B 部）を拡大すると下図 B になる．

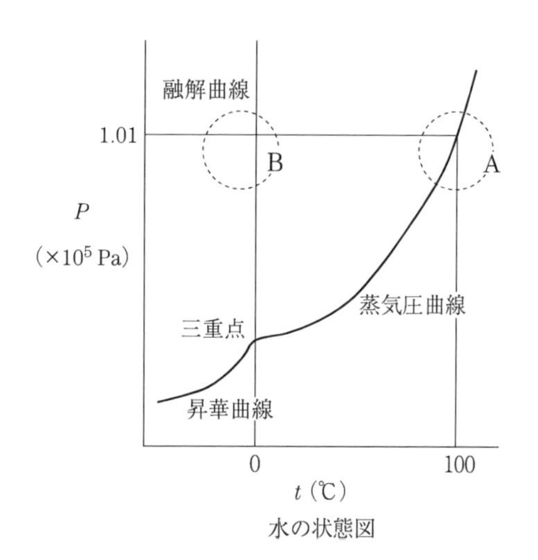

水の状態図

水溶液によって蒸気圧降下が起こることが原因となって，水溶液の融解曲線は水の融解曲線から左にずれるため，水の凝固点は 0 ℃よりも低くなる．

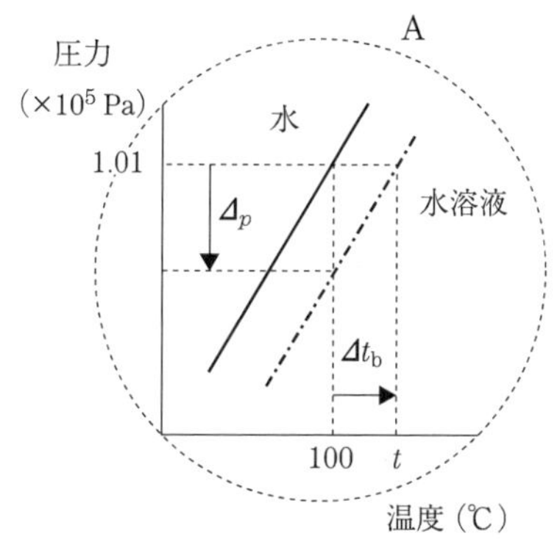

沸点付近の蒸気圧曲線

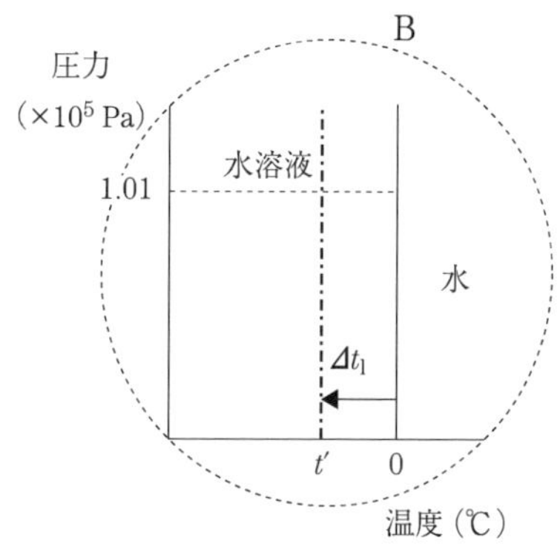

凝固点付近の融解曲線

6.2　沸点上昇と凝固点降下

不揮発性の物質を溶かした溶液の沸点は，純溶媒の沸点よりも高くなる．この現象を**沸点上昇** (elevation of boiling temperature) という．また，不揮発性の物質を溶かした溶液の凝固点は，純溶媒の凝固点よりも低くなる．この現象を**凝固点降下** (depression of freezing temperature) という．不揮発性物質の希薄溶液の場合，沸点上昇や凝固点降下の程度（沸点上昇度・凝固点降下度）は，溶媒の種類と溶質の質量モル濃度によってきまり，溶質の種類には無関係である．

具体例

不揮発性の非電解質を溶かした希薄溶液において，純溶媒の沸点を t_0，溶液の沸点を t としたとき，$t-t_0$ を**沸点上昇度**（Δt_b）という．沸点上昇度は，溶質の質量モル濃度 m に比例する．

$$\Delta t_b = t - t_0 = K_b m$$

比例定数 K_b は，$m=1$ mol/kg のときの沸点上昇度で，**モル沸点上昇**という．

不揮発性の非電解質を溶かした希薄溶液で，純溶媒の凝固点を t_0'，溶液の凝固点を t' としたとき，$t_0'-t'$ を**凝固点降下度**（Δt_f）という．凝固点降下度は，溶質の質量モル濃度 m に比例する．

$$\Delta t_f = t_0 - t = K_f m$$

比例定数 K_f は，$m=1$ mol/kg のときの凝固点降下度で**モル凝固点降下**という．

発　展

沸点上昇度や凝固点降下度の測定を応用して，溶質の分子量を求めることができる．たとえば，溶媒 1 kg 中に溶質を w (g) 溶かしたときの沸点上昇度 Δt_b を測定すると，この溶質の分子量 M は次式で求められる．

$$\Delta t_b = K_b \frac{w}{M} \longrightarrow M = \frac{K_b w}{\Delta t_b}$$

確認問題

分子量未知の不揮発性物質 2.10 g をベンゼン 100 g に溶かした溶液の凝固点は，ベンゼンの凝固点より 1.28 ℃低い値を示した．ベンゼンのモル凝固点降下を 5.12 K kg/mol としてこの物質の分子量を求めよ．

答：84.0

左の具体例で示した沸点上昇度や凝固点降下度と溶液の質量モル濃度との関係を表す式，$\Delta t_b = K_b m$ と $\Delta t_f = K_f m$ は，溶質が溶媒と相互作用をしない理想化された溶液（理想溶液）にあてはまるもので，実際には不揮発性の希薄溶液について適用される．種々の溶媒のモル沸点上昇 K_b とモル凝固点降下 K_f を下表に示す．

溶媒	沸点 ℃	モル沸点上昇 K_b（K kg/mol）	凝固点 ℃	モル凝固点降下 K_f（K kg/mol）
水	100	0.515	0	1.853
酢酸	117.9	2.53	16.7	3.90
ショウノウ	207.4	5.61	178.8	37.7
ナフタレン	218.0	5.80	80.3	6.94
ベンゼン	80.1	2.53	5.53	5.12

沸点上昇度および凝固点降下度は温度差であるから，モル沸点上昇，モル凝固点降下の単位（K kg/mol）は（℃ kg/mol）としてあつかってよい．

【溶質が電解質の場合】

溶質が不揮発性で非電解質の場合，沸点上昇や凝固点降下の現象は束一性で，溶質の粒子数に依存することを学んだ．電解質の場合はどのように考えればよいだろう．

たとえば，0.10 mol/kg の塩化カルシウム水溶液の場合，水溶液中で塩化カルシウムは次のように電離し，水 1 kg あたり 0.10 mol の Ca^{2+} と 0.20 mol の Cl^- が生成する．

$$CaCl_2 \longrightarrow Ca^{2+} + 2\,Cl^-$$

電離したイオンがそれぞれ溶質粒子としてふるまうから，この水溶液の沸点上昇度と凝固点降下度は，非電解質水溶液の場合の 0.30 mol/kg に相当する大きさになる．

6.3 浸　透　圧

薄い溶液と濃い溶液を混ぜると混合が起こる．このとき，溶媒分子は通過させるが，イオンや大きい分子などの溶質粒子は通過させない性質をもった**半透膜** (semipermeable membrane) で両液を仕切ると，溶媒分子が薄い溶液から濃い溶液に向かって移動する．逆方向の移動はない．この現象を，**浸透** (osmosis) という．生物の細胞膜は半透膜のはたらきをもつ．野菜を清水に浸けておくと組織内に水が入り込み，野菜がみずみずしくなるのはその一例である．

半透膜をはさんで水と溶液を接触させると，浸透によって液面が上昇する分だけ溶液の方に圧力が加わる．浸透がさらに続くとやがて溶液側に加わった圧力と浸透しようとする力がつり合い，見かけ上，浸透が止まったような平衡状態となる．この平衡状態に達するまでに必要な溶液への圧力のことを**浸透圧** (osmotic pressure) という．この法則は「質量作用の法則」に基づいている．

具体例

右図のように，水溶液と，水（溶媒）を半透膜ではさんで接触させると，浸透によって溶液のほうに水分子が入り込んでくる． そのため，液面に差が生じてくるが，一定時間が経過すると，液面上昇による下向きの力と浸透による力が等しくなり，高さ h で液面は停止する．

高さ h に相当する溶液側の圧力は溶媒の浸透を停止させるために必要な圧力で，これが浸透圧である．

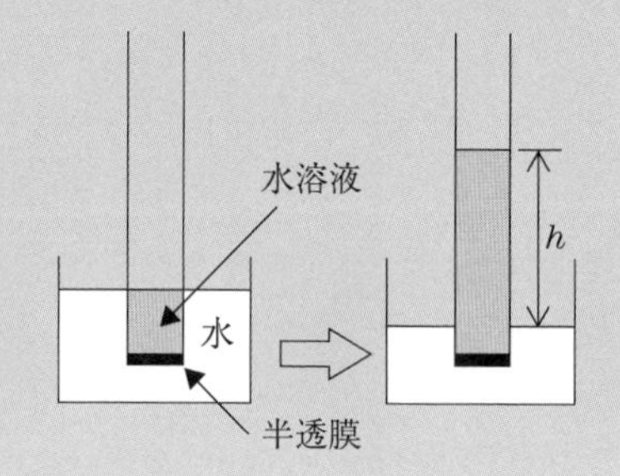

発　展

浸透も溶液が示す束一的性質の１つである．浸透圧は溶液中の溶質粒子の数に依存し，溶質の種類には無関係である．体積 V (L) の中に溶質が n (mol) 溶けているモル濃度 c (mol/L) の溶液が，温度 T (K) で溶媒と接しているときの溶液の浸透圧 Π (Pa) は次の式で表される．式中の R は気体定数で 8.31×10^3 L Pa/K mol である．

$$\Pi V = nRT \quad \text{または,} \quad \Pi = cRT \qquad c = \frac{n}{V}$$

これを**ファントホッフの式** (van't Hoff equation) という．

確認問題

0.10 mol のグルコース（$C_6H_{12}O_6$）を水に溶かして 200 mL にした 27 ℃の溶液の浸透圧を求めよ．

答：1.2×10^6 Pa

ファントホッフの式は，理想気体の状態方程式とよく似ていることに注しよう．また，溶質の質量を w（g），モル質量を M（g/mol）とすると，$n=w/M$ であるから次式が成り立つ．すなわち，溶質の質量および溶液の体積と温度が既知の溶液について浸透圧を測定すると，上式によって溶質のモル質量（分子量）を知ることができる．

$$\Pi V = nRT = \frac{w}{M}RT \quad \longrightarrow \quad \boxed{M = \frac{wRT}{\Pi V}}$$

実際に浸透圧の測定は，常温でも行えるうえ，希薄溶液でも大きい浸透圧を示す．したがって，タンパクのような温度によって変性しやすい生体分子や，水に対する溶解度の小さい高分子の分子量測定に広く用いられている．たとえば，分子量 10,000 の高分子化合物 1 g を水 1 L に溶解させた水溶液の沸点上昇度や凝固点降下度は測定できないほど小さいが，300 K における浸透圧はおよそ 250 Pa と実測可能な圧力となる．
（希薄溶液では，質量モル濃度とモル濃度はほとんど同じとみなしてよい．）

【溶質が電解質の場合の浸透圧】

溶質が電解質の場合は，電離によって生じるイオンの総物質量が溶質粒子の物質量となるのは，先の沸点上昇・凝固点降下の場合と同様である．たとえば，塩化ナトリウムを 1 mol 溶かすと，2 mol のイオンが生じる．体液の浸透圧と同じ浸透圧に調製して輸液に用いられるものに，生理食塩水やブドウ糖溶液があるが，生理食塩水の濃度は 0.85 ％で，ブドウ糖溶液は 5.0 ％である．両者の浸透圧がほぼ等しくなることを計算によって確かめてみよう．

【逆浸透】

左ページの図で，溶液の浸透圧を上回る圧力を溶液側にかけると，半透膜を溶液のほうから水のほうに向かって水分子が逆に移動する逆浸透がおこる．これを応用して，海水の淡水化が行われている．現在では，1 日あたり 10,000 t 以上の淡水化能力を持つプラントが建設されている．

章末問題 6

【例題 1】沸点上昇

ある不揮発性の物質 1.91 g をベンゼン 50.0 g に溶かした溶液の沸点は，ベンゼンの沸点より 0.646 ℃高い温度を示した．この物質の分子量を求めよ．ただし，ベンゼンのモル沸点上昇は 2.53 K kg/mol とする．

考え方

① 不揮発性物質の分子量を M として，この溶液の質量モル濃度（m：mol/kg）を求める．

② $\Delta t_b = K_b m$ の式に代入して M を求める．

答

① 質量モル濃度は，

$$\frac{\left(\dfrac{1.91}{M}\right)}{5.00\times10^{-2}} = \frac{38.2}{M}\ \text{(mol/kg)}$$

② $\Delta t_b = K_b m$ に代入すると，

$$0.646 = 2.53 \times \frac{38.2}{M}\quad \text{より}$$

$$M = 150$$

問題 1

水 100 g に次の①～③の物質をそれぞれ 1 g 溶かした水溶液について，凝固点の低い順を予想せよ．

① 尿素（CH_4N_2O）

② 塩化ナトリウム（NaCl）

③ グルコース（$C_6H_{12}O_6$）

問題 2

分子量未知のタンパク質 25.0 mg を溶かして 40.0 mL にした水溶液の，27 ℃における浸透圧を測定したところ 104 Pa であった．このタンパク質の分子量を求めよ．

問題 3

問題 2 のタンパク質水溶液の凝固点降下度を計算せよ．ただし，水のモル凝固点降下は，1.853 K kg/mol とし，モル濃度と質量モル濃度は同じと見なしてよい（測定困難な凝固点降下度になることに気付くだろう）．

答：（**問題 1**）②<①<③，（**問題 2**）15000，（**問題 3**）7.7×10^{-5} K

【例題 2】蒸気圧

左図は，3 種の物質 A，B，C の蒸気圧曲線である．以下の問いあてはまる物質は A，B，C のうちどれか．

① 最も沸点の高い物質
② 最も蒸発熱が小さいと予想される物質
③ 液体状態のとき，分子間に働く力が最も大きいと予想される物質

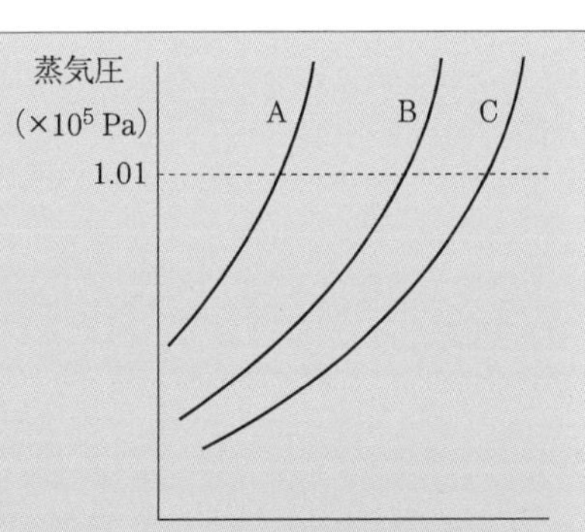

考え方

大気圧と飽和蒸気圧が等しくなった温度で沸騰が生じる．一般に，液体の沸点は，圧力が 1013 hPa のときに沸騰する温度をいう．

物質の沸点・融点や蒸発熱・融解熱の大きさは，物質を構成する粒子間の結合力によって決まる．粒子間結合力が大きい物質ほど，沸点・融点が高く，また蒸発熱・融解熱も大きい．

答

①C，②A，③C

問題 4

水の状態について述べた以下の記述で正しいものを選べ．

① 水が蒸発する温度は大気圧下で 100°C である．
② 水が蒸発するときは吸熱が起こる．
③ 水は室温でも沸騰することがある．
④ 大気圧よりも高い圧力のもとでは，水の融点は 0°C よりも高くなる．
⑤ 氷も昇華することがある．
⑥ 氷と液体の水では，氷のほうが水分子の配列間隔が大きいため，氷が溶けると体積は小さくなる．

問題 5

一般に，分子構造がよく似た物質の沸点や融点は，分子量が大きいほど高くなる傾向を示す．しかし，16 族元素の水素化物である H_2O，H_2S では分子量の小さい H_2O の沸点が H_2S よりも異常に高い．このような例は，ハロゲン化水素の HF でも見られる．この理由について説明せよ．

答：**(問題 4)** ②，③，⑤，⑥
(問題 5) 液体の水やフッ化水素は分子間に水素結合力が働いている．水素結合は，無極性分子に働く分子間力よりもはるかに強く，分子を引き離して気体にするにはより大きなエネルギーを必要とする．

7 化学変化と反応熱

氷から水になる，物質が燃えるなど，私たちの身の周りにおいて，たくさんの物質の変化が見られる．物質の変化は，他の物質には変わらないが，みかけの状態が変わる物理変化（状態変化）と物質が他の化学式の物質に変化する化学変化に分けることができる．

化学変化は，化学式を用いて表すことができる．この式を化学反応式といい，反応する物質（反応物），生成する物質（生成物）がわかるだけでなく，反応において各物質の量的関係も知ることができる．

また，物質が化学変化や状態変化をする際，必ず熱の出入りがある．ここでは，化学反応の際に出入りする熱（反応熱）について学ぶ．

さらには，反応のしくみを反応速度，化学平衡などからより詳しく学んでいく．

7.1　化学反応式

物質が，他の化学式の物質に変化することを**化学変化**（chemical change）という．化学式を用いて化学変化を表した式を**化学反応式**（chemical equation）という．化学反応式作り方は次の決まりにしたがって作っていく．

① **反応物**（reactant）を左辺，**生成物**（product）を右辺にそれぞれ化学式で書き，→で結ぶ．

② 左辺と右辺の各原子の数が等しくなるように**係数**（coefficient）をつける．このとき，係数は最も簡単な整数比にし，1は省略する．

具体例

水素と窒素が反応して，アンモニアが生成する反応の化学反応式の作り方

① 反応物と生成物の化学式を→で結ぶ．

$$H_2 + N_2 \longrightarrow NH_3$$

（水素）　（窒素）　（アンモニア）

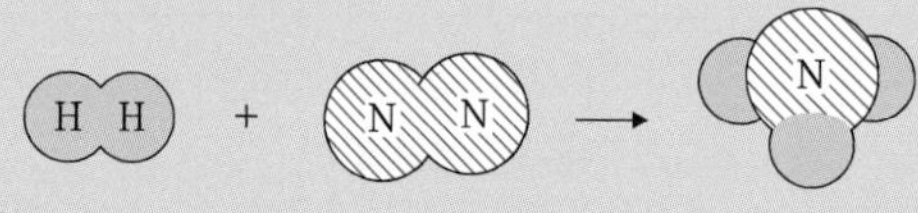

注）この時点では左辺と右辺で原子の数がそろっていない．

② 左辺と右辺で各原子の数が等しくなるように係数をつける．

$$3H_2 + N_2 \longrightarrow 2NH_3$$

1は省略

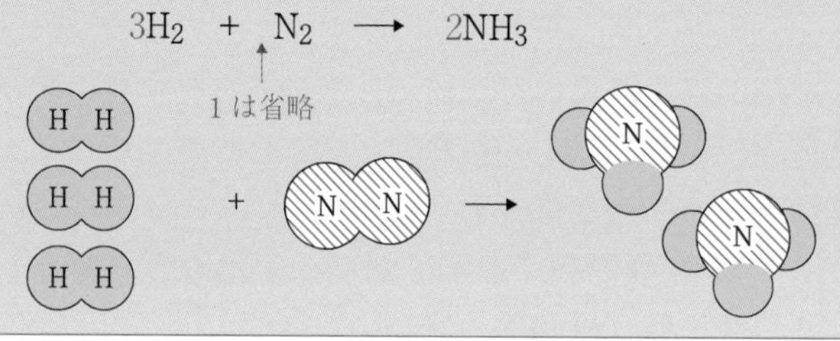

発　展

イオンの反応において，イオン式を用いて反応を表したものを**イオン反応式**（ionic equation）という．

（例）　$Ag^+ + Cl^- \longrightarrow AgCl$

確認問題

① 次の（　）に係数をいれよ．ただし1の時も1と書くこと

（　　）H_2 ＋（　　）O_2 ⟶（　　）H_2O

② メタン（CH_4）が酸素（O_2）と反応して水（H_2O）と二酸化炭素ができたときの化学反応式を書け．

答：①2，1，2，②$CH_4 + 2O_2 \rightarrow CO_2 + 2H_2O$

すでに学んだように，物質の変化は物理変化（状態変化）と化学変化に分けることができる．化学変化には，化合・分解，酸化・還元，中和反応など様々な現象があるが，これらを表わす化学反応式は，左ページのように化学反応式（単に反応式ということもある）で表すことができる．

具体例の「水素と窒素が反応して，アンモニアが生成する反応」をみながら，化学反応式の作り方を学ぼう．反応する物質を反応物，生成する物質を生成物という．はじめに，反応物を左辺，生成物を右辺に化学式で書き，両辺を→で結ぶ．このとき，矢印の向きを←にしてはいけないが，逆反応が起こる反応すなわち，**可逆反応**（reversible reaction）のときは⇄で表すことがある．具体例の場合，反応物は水素（H_2）と窒素（N_2），生成物はアンモニア（NH_3）である．このとき，左辺と右辺では同じ元素が存在し，左辺と右辺で異なる原子があってはいけない．

次に左辺と右辺で各原子の数が等しくなるように，化学式の前に係数とよばれる数字をつける．具体例では，係数をつける前のそれぞれの原子の個数は反応前は N＝1 個，H＝2 個，反応後は N＝1 個，H＝3 個である．したがって，H_2 の係数を 3，NH_3 の係数を 2 にすることで，反応の前後で原子の個数が H＝6 個，N＝2 個と等しい数になる．この係数は，下に示す方法で求めることができるが，試行錯誤で行ったほうが，時間的に早く求めることができる．係数決めはいくつかコツがあるので，多くの問題を解いて慣れておく必要がある．

メタノールの完全燃焼[注)]の化学反応式の係数の求め方

化学反応は次式で表される

$$x\,CH_3OH + y\,O_2 \longrightarrow z\,CO_2 + w\,H_2O$$

ここで，左辺と右辺の C，H，O の各原子の数が等しいので，各原子おいて次の関係が成り立つ

C の数：$x = z$
H の数：$4x = 2w$
O の数：$x + 2y = 2z + w$

仮に $x=1$ とすると，$z=1$，$w=2$，$y=1.5$ となり，最も簡単な整数比で表すと，$x:y:z:w=1:1.5:1:2=2:3:2:4$ になるので，化学反応式は次のようになる．

$$2\,CH_3OH + 3\,O_2 \longrightarrow 2\,CO_2 + 4\,H_2O$$

注）完全燃焼とは，物質が酸素と反応して水と二酸化炭素が生成することをいう．

7.2 化学変化の量的関係

化学反応式の係数は分子の個数もしくは物質量（mol）の関係を表している．物質量の関係から質量（g）や標準状態における気体の体積の関係も求めることができる．反応物，生成物すべてが気体の場合，係数は体積比も表している．

具体例

	$3H_2$	+	N_2	⟶	$2NH_3$
物質量（mol）	3		1		2
分子数（個）	$6.02 \times 10^{23} \times 3$		$6.02 \times 10^{23} \times 1$		$6.02 \times 10^{23} \times 2$
質量　（g）	2 × 3 （ 6	 +	28 × 1 28	 =	17 × 2 34 ）
気体の体積（L）	22.4 × 3		22.4 × 1		22.4 × 2

発　展

化学変化において，反応物の質量の総和と，生成物の質量の総和は等しい．これを**質量保存の法則**（law of conservation of mass）という．このことは「化学変化の量的関係」でも示されている．

確認問題

$2H_2 + O_2 \longrightarrow 2H_2O$　の反応において，次の問いに答えよ．

① 水が 8 mol 生成したとき，反応した酸素は何 mol か．

② 4 g の水素が反応するとき，水は何 g 生成するか．

③ 水素が 1 mol 反応するとき，酸素は標準状態で何 L 必要か．

※原子量は，H=1，O=16 として，計算すること．

答：① 4 mol，② 36 g，③ 11.2 L

化学反応式には，反応物と生成物の粒子の数，物質量，質量，および気体の体積の量的関係が示されている．

左ページの具体例をみてみよう．水素と窒素からアンモニアができる反応において，3分子の水素と1分子の窒素から2分子のアンモニアが生成している．反応式の係数の値は反応する粒子の個数の関係を表していることがわかる．また，各原子の個数を6.0×10^{23}倍すなわちアボガドロ定数をかけると物質量の関係を表すので，3 mol の水素と1 mol の窒素から2 mol のアンモニアが生成することがわかる．

係数の比 ＝ 粒子数（個）の比 ＝ 物質量（mol）の比

また，物質量に各分子量，式量をかけた値が物質の質量であるから，係数より質量の関係がわかる．具体例の場合，各分子量は，H_2＝2，N_2＝28，NH_3＝17であるから，物質量の関係（係数の値）より，6 g（3×2）の水素と28 g（1×28）の窒素から34 g（2×17）のアンモニアが生成するのが理解できる．同時に，反応物の質量の総和と生成物の質量の総和が等しいことがわかる．このことを質量保存の法則といい，化学反応式からも理解することができる．

気体の体積は標準状態では1 mol で22.4 L なので，標準状態で具体例の気体の体積を考えると，67.2 L（3×22.4 L）の水素と22.4 L（1×22.4 L）の窒素から44.8 L（2×22.4 L）のアンモニアが生成することがわかる．すなわち，係数の比は気体の体積の比も表している．

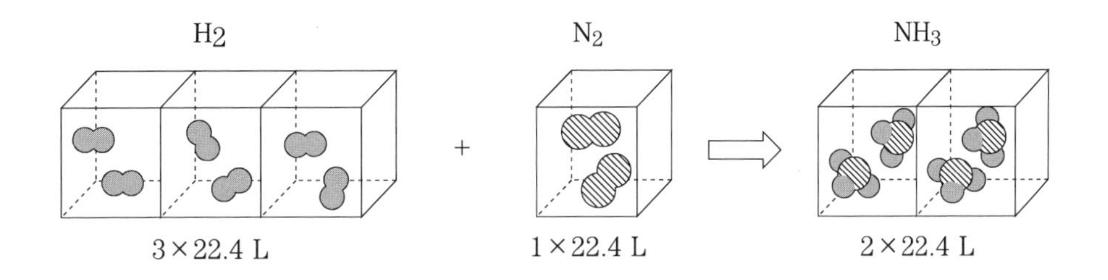

7.3 反　応　熱

化学反応が生じると，必ず熱くなるか，冷たくなるかの現象が起きる．化学変化によって出入りする熱を**反応熱**（heat of reaction）という．熱を発生する反応を**発熱反応**（exothermic　reaction），熱を吸収する反応を**吸熱反応**（endothermic　reaction）という．

反応物と生成物がもつエネルギーの差によって発熱，吸熱といった反応熱がおこる．

具体例

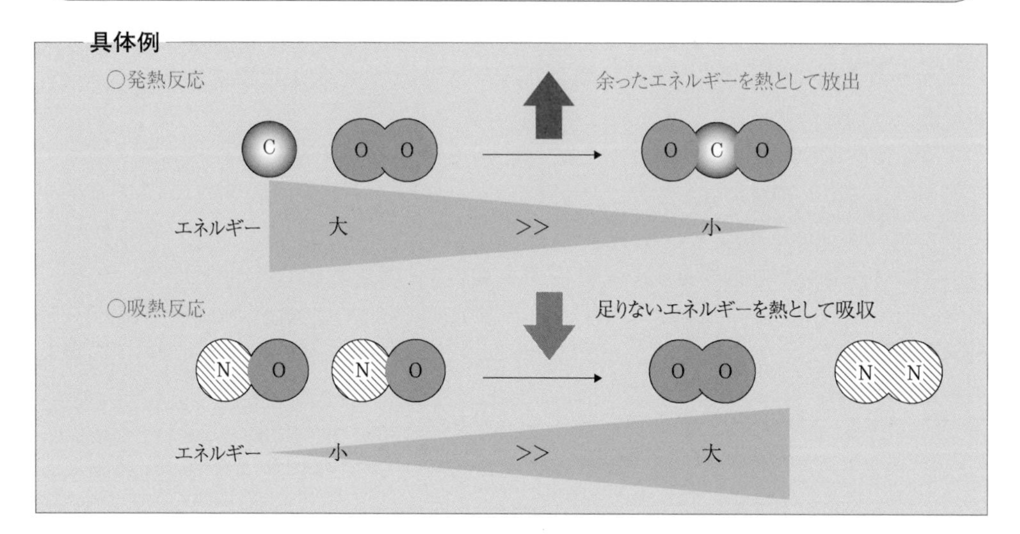

発　展

以前は反応熱で用いる熱量の単位に cal や kcal が用いられていたが、現在は J や kJ を用いる．特に，着目する物質 1 mol あたりの熱量で表すため，単位には kJ/mol を用いる．各単位の関係は以下のとおりである．

$$1\ \mathrm{kJ}=1000\ \mathrm{J} \qquad 1\ \mathrm{cal}=4.18\ \mathrm{J}$$

また，発熱反応は ＋ ○○ kJ，吸熱反応は － ○○ kJ と表す．反応熱は，温度や圧力で変化するので，通常 25 °C，1.013×10^5 Pa における値を kJ/mol 単位で表す．

確認問題

メタン（CH_4）を燃焼したときの反応熱は 892 kJ/mol である．メタン 1 g を燃焼したときの熱量は何 kJ か．ただし，メタンの分子量は 16 を用いよ．

答：55.75 kJ

具体例に示したように，炭素が燃焼して二酸化炭素が生成するとき，熱が発生する．また窒素と酸素から一酸化窒素が生成するとき，熱が吸収される．化学反応にともなう熱を反応熱といい，熱を発生する反応を発熱反応，熱を吸収する反応を吸熱反応という．

使い捨てカイロ	⇒	熱くなる	＝	熱を発生	⇒	発熱反応
冷却パック	⇒	冷たくなる	＝	熱を吸収	⇒	吸熱反応

化学反応をエネルギーの出入りでみてみよう．すべての物質は，その状態における固有のエネルギーを持っている．物質が変化するとき，反応物と生成物の持っているエネルギーは当然，異なる．この反応物と生成物のエネルギーの差が反応熱になる．具体例をみてみると，炭素と酸素のもつエネルギーは二酸化炭素が持つエネルギーより高い．このエネルギー差，すなわち余ったエネルギーを外部に放出することで発熱が起こる．同様に，窒素と酸素のエネルギーと一酸化窒素のエネルギーを比べると，一酸化窒素のエネルギーの方が高いため，足りないエネルギーを周囲から熱として吸収する．

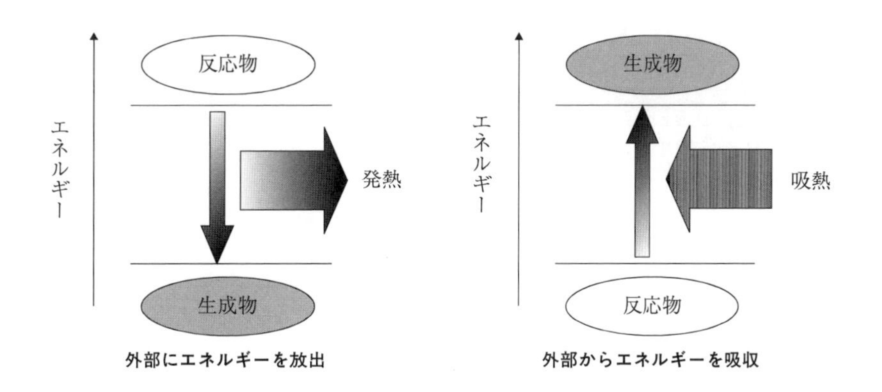

7.4　熱化学方程式

化学反応式の「→」を「＝」に変えて，右辺に反応熱を加えた式を**熱化学方程式**（thermochemical equation）という．反応熱は発熱反応は＋，吸熱反応は－で表す．

具体例

熱化学方程式の作り方

① 化学反応式を書く．

② 物質の状態を書く．通常（気），（液），（固）で表すが，炭素など同素体がある元素は（黒鉛）などと物質の状態を書く場合もある．

③ 着目する物質の係数を1にする．このとき他の物質が分数になってもかまわない．着目する物質は反応熱の種類によって決まっている．

④ →を＝に変え，反応熱を書く．このとき，＋は発熱反応，－は吸熱反応を表す．

（例）水素と酸素が反応して水ができるときの熱化学方程式

( )H_2 [(気)] ＋ ($\frac{1}{2}$) O_2 [(気)] ④＝ ( )H_2O [(液)] ＋ ④[286　kJ]

② 物質の状態を書く　③ この反応では H_2O の係数が1

発　展

化学反応だけでなく，状態変化でも熱の放出や吸収があり，熱化学方程式で表すことができる．

蒸発熱　H_2O（液）＝ H_2O（気）－ 45.0 kJ

融解熱　H_2O（固）＝ H_2O（液）－ 6.01 kJ

確認問題

1 mol のメタン（気）と酸素（気）が反応して水（液）と二酸化炭素（気）を生成したとき，892 kJ の熱を発生した．このときの熱化学方程式を書け．

答：CH_4(気) ＋ 2 O_2(気) ＝ CO_2(気) ＋ 2 H_2O(気) ＋ 892 kJ

左ページの具体例をみてみよう．熱化学方程式は，化学反応式の矢印を等号に変えて，反応熱を書き足したものである．水素と酸素が反応して水ができる反応式は次のように表される．

$$2\,H_2 + O_2 \longrightarrow 2\,H_2O$$

物質のもつエネルギーは，その状態によって異なるので，熱化学方程式は，化学式に物質の状態を書く必要がある．通常，(固)，(液)，(気) と略して表す場合が多いが，(固体)，(液体)，(気体) や固体 (solid)，液体 (liquid)，気体 (gas) の英語の頭文字を用いて（s)，(l)，(g) と表すこともある．

注意しなければならないのは，同じ物質でもその状態によって反応熱が異なることである．たとえば下式に示すように，同じ H_2O の生成熱でも水（液体）と水蒸気（気体）で異なっているのがわかる。

$$H_2\,(\text{気}) + \frac{1}{2}O_2\,(\text{気}) = H_2O\,(\text{液}) + 286\,\text{kJ}$$

$$H_2\,(\text{気}) + \frac{1}{2}O_2\,(\text{気}) = H_2O\,(\text{気}) + 242\,\text{kJ}$$

また，炭素のように同素体が存在する元素は，同素体の種類によって反応熱が異なるので，C（黒鉛）のようにその種類を書く場合もある．

$$C\,(\text{黒鉛}) + O_2\,(\text{気}) = CO_2\,(\text{気}) + 394\,\text{kJ}$$

$$C\,(\text{ダイヤモンド}) + O_2\,(\text{気}) = CO_2\,(\text{気}) + 396\,\text{kJ}$$

反応熱は，着目する物質の 1 mol の反応熱であるので，着目する物質の係数を 1 とする．したがって，熱化学方程式は反応式と異なり係数に分数を用いることがある．具体例は，1 mol の水が生成するときの反応熱を表しているため，熱化学方程式の酸素の係数は 1/2 になっている．また，反応熱は反応の種類によって，名前がつけられており，着目する物質が決まっている．詳細は次ページで説明することとする．

7.5　反応熱の種類

反応熱は反応の種類によって，**燃焼熱**（heat of combustion），**生成熱**（heat of formation），**中和熱**（heat of neutralization），**溶解熱**（heat of dissolution）などがある．これら反応熱の種類によって，着目する（係数を1にする）物質が決まっている．

具体例

反応熱	定　義
燃焼熱	1 mol の物質が完全燃焼するときの反応熱 CH_4（気）＋ $2O_2$（気）＝ CO_2（気）＋ $2H_2O$（液）＋ 890.3 kJ
生成熱	1 mol の化合物がその成分元素の単体から生成する時の反応熱 $\frac{1}{2}N_2$（気）＋ $\frac{3}{2}H_2$（気）＝ NH_3（気）＋ 45.9 kJ
溶解熱	1 mol の物質が水に溶けたときの反応熱 NaCl（固）＋ aq ＝ $NaCl_{aq}$ － 3.9 kJ
中和熱	酸と塩基の中和反応の際，1 mol の水が生成した時の反応熱 $NaOH_{aq}$ ＋ HCl_{aq} ＝ H_2O（液）＋ $NaCl_{aq}$ ＋ 56.4 kJ

発　展

具体例の aq はラテン語の aqua（＝水）を略したもので，大量の水を表している．また，HCl_{aq} は HCl 水溶液（塩酸）を表している．

確認問題

次の熱化学方程式を書け．

① AgCl（固）の生成熱は 127.1 kJ である．

② NH_4Cl（固）の溶解熱は －14.8 kJ である．

答：① Ag（固）＋ 1/2 Cl_2（気）＝ AgCl（固）＋ 127.1 kJ

② NH_4Cl（固）＋ aq ＝ NH_4Cl_{aq} － 14.8 kJ

燃焼熱とは物質 1 mol が完全燃焼するときの反応熱である．すでに述べたように，完全燃焼とは酸素と反応して，水と二酸化炭素が生成する反応である．熱化学方程式は燃焼する物質の係数を 1 とする．また，燃焼は発熱反応である．

燃焼熱（kJ/mol）

物 質	燃焼熱	物 質	燃焼熱
C（黒鉛）	393.5	CH_3OH（液）	726.3
CH_4（気）	890.3	C_2H_5OH（液）	1367.6
H_2（気）	285.8	CO（気）	283.0

生成熱とは化合物 1 mol が，その成分元素の単体から生成するときの熱量である．たとえば H_2O の成分元素の単体は H_2 と O_2，NaCl の成分元素の単体は Na と Cl_2 である．

生成熱（kJ/mol）

物 質	生成熱	物 質	生成熱
AgCl（固）	127.1	H_2O（液）	285.8
CH_4（気）	74.9	NH_3（気）	45.9
HCl（気）	92.3	NaCl（固）	411.1

溶解熱とは物質 1 mol が大量の水に溶けたときの熱量である．左ページの発展で述べたように，大量の水を aq，水溶液を $\bigcirc\bigcirc_{aq}$ と表す．

溶解熱（kJ/mol）

物 質	溶解熱	物 質	溶解熱
NaOH（固）	44.5	KCl（固）	−17.2
NaCl（固）	−3.9	NH_3（気）	34.2

中和熱とは酸と塩基の中和反応によって，水 1 mol が生成するときの反応熱である．酸と塩基および生成する塩は水溶液として取り扱う．

7.6　ヘスの法則

物質が反応するときの反応熱の総量は，反応の最初の状態（反応物）と最後の状態（生成物）だけで決まり，その反応経路には無関係である．これを**ヘスの法則**（Hess' law）または**総熱量保存の法則**（the law of constant heat summation）という．このヘスの法則を利用して，測定することが難しい反応熱をすでにわかっている他の反応熱から求めることができる．これは物理学で学ぶ「エネルギー保存の法則」にあたり，エネルギーはすべて形を変えるだけで保存されている，という内容である．

具体例

黒鉛と酸素が化合して二酸化炭素が生成する反応は，下に示す経路Aと経路Bの2つの反応経路がある．

【経路A】 C（黒鉛） ＋ O_2（気） ＝ CO_2（気） ＋ 394 kJ　①

【経路B】 C（黒鉛） ＋ $\frac{1}{2}O_2$（気） ＝ CO（気） ＋ 111 kJ　②

CO（気） ＋ $\frac{1}{2}O_2$（気） ＝ CO_2（気） ＋ 283 kJ　③

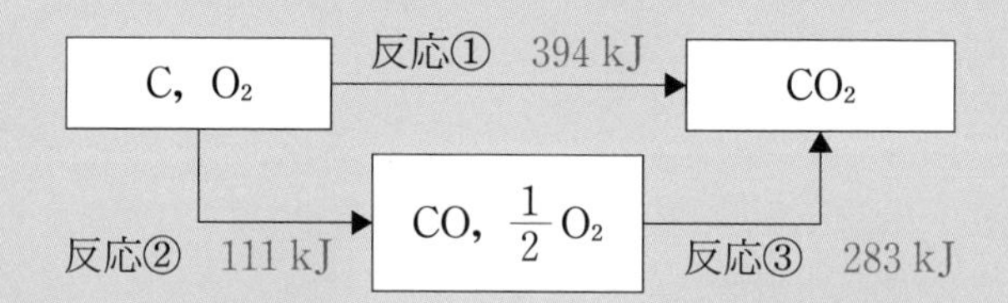

A，Bどちらの経路を進んでも，反応熱の総和は等しい．

熱量①（394 kJ） ＝ 熱量②（111 kJ） ＋ 熱量③（283 kJ）

発　展

ヘスの法則を用いて，実験で直接測定することができない反応熱を，反応熱のわかっている熱化学方程式から，計算によって求めることができる．

確認問題

ヘスの法則を利用して，①式と②式から次の未知の反応熱 Q を求めよ．

C_2H_4（気） ＋ H_2（気） ＝ C_2H_6（気） ＋ Q kJ

C_2H_2（気） ＋ H_2（気） ＝ C_2H_4（気） ＋ 180 kJ　①

C_2H_2（気） ＋ 2 H_2（気） ＝ C_2H_6（気） ＋ 314 kJ　②

答：134 kJ

1840年ヘスは,「物質が変化するときの反応熱の総和は,変化の前後の物質の状態だけで決まり,変化の経路や方法には関係しない」ことを実験により見出した.左ページの具体例を見てみよう.黒鉛と酸素が化合して二酸化炭素が生成する場合,経路Aと経路Bの2つの反応経路が存在する.経路Aの熱化学方程式である②式と③式をたすと,経路Aの熱化学方程式である①式になることがわかる.すなわち,反応物が黒鉛と酸素,生成物が二酸化炭素ならば,どのような経路を通っても,反応熱の総和は394 kJになる.

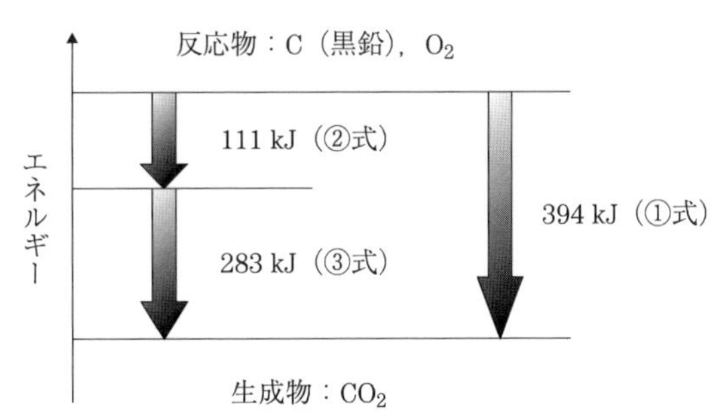

化学反応式は数学の方程式のように式と式を加減したり,式全体を数倍することができるので,ヘスの法則を利用して,未知の反応熱を求めることができる.

(例) C(黒鉛) + $2H_2$(気) = CH_4(気) + x kJ の反応熱(x kJ)の求め方

H_2(気) + $\frac{1}{2}O_2$(気) = H_2O(液) + 286 kJ ①

C(黒鉛) + O_2(気) = CO_2(気) + 394 kJ ②

CH_4(気) + $2O_2$(気) = CO_2(気) + $2H_2O$(液) + 890 kJ ③

目的の式にない物質を消去する

②式−③式を行えば,CO_2(気)を消去できて,

C(黒鉛) − O_2(気) − CH_4(気) = $-2H_2O$(液) + (394 − 890) kJ

この式に2×①式を加えれて整理すれば,目的の式になってxが求められる.

2 × ①式 + ②式 − ③式 = 76 kJ

7.7　反応速度

化学反応の速さを**反応速度**（reaction rate）という．反応速度は，単位時間（1秒，1分，1時間）あたり，どれだけ反応物の濃度が減少するか，もしくは生成物の濃度が増加するかを表している．物理学で学ぶ速度と同じで，ある時間にどれだけ生成物ができたかを示す．すなわち，どれだけ反応が進んだかを意味する．物理学の場合は，進んだ距離を時間で割るわけである．

具体例

$$\underset{(\mathrm{mol/L\,s})}{\text{反応速度}} = \frac{\text{反応物の減少量}(\mathrm{mol/L})}{\text{反応時間}(\mathrm{s})} \quad \text{または} \quad \frac{\text{生成物の増加量}(\mathrm{mol/L})}{\text{反応時間}\ (\mathrm{s})}$$

発　展

水素とヨウ素が反応してヨウ化水素が生成する反応（$H_2 + I_2 \rightarrow 2\,HI$）において，20 秒間で水素が 2.0 mol/L から 1.8 mol/L に減少したときの H_2，I_2，HI から見た反応速度を求めてみよう．

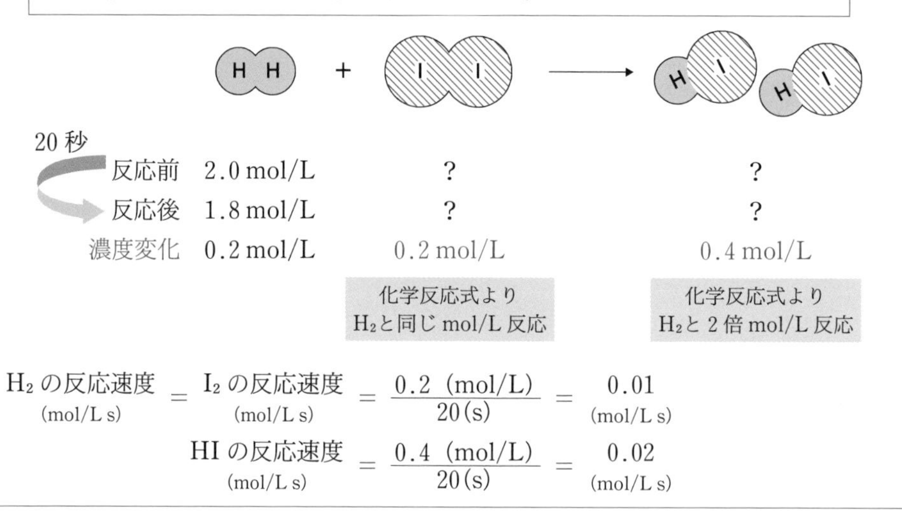

確認問題

発展と同様の反応において，10 秒間で水素が 4 mol/L 反応した時，HI から見た反応速度を答えよ．

答：0.8 mol/L s

化学反応には，花火のように瞬間的に起こる速い反応もあれば，空気中で鉄がさびるような遅い反応もある．また，同じ反応でも条件を変えるとその速さが変わる場合もある．反応速度は，単位時間あたりの反応物または生成物の変化量で表す．

たとえば，時刻 t_1 から t_2 の間に反応物Aの濃度が $[A]_1$ から $[A]_2$ に減少した時，反応物 A から見た反応速度 v は次式で表される．

$$v = \frac{[A]_1 - [A]_2}{t_1 - t_2} = \frac{\Delta[A]}{\Delta t}$$

注）物質のモル濃度を［ ］を用いて表す．また，Δ（デルタと読む）は変化量を表す記号である．

同様に，時刻 t_1 から t_2 の間に生成物 B の濃度が $[B]_1$ から $[B]_2$ に増加したとき，生成物Bから見た反応速度 v は

$$v = \frac{[B]_2 - [B]_1}{t_1 - t_2} = \frac{\Delta[B]}{\Delta t}$$

である．

また，化学反応は反応物と反応物との衝突で生じる．粒子の衝突回数が多いほど反応は速く進む．反応物の濃度が大きいほど，衝突の回数は増加するので，反応速度も速くなる．すなわち，反応速度は反応物の濃度から求めることができる．反応物の濃度と反応速度との関係を表した式を**反応速度式**（rate equation）という．

$$aA + bB \rightarrow cC$$ a，b，c：係数　A，B，C：物質（化学式）

上の化学反応式において，反応速度式は一般的には

$$v = k[A]^a[B]^b$$

で表す．ここで，k は**反応速度定数**（reaction rate constant）といい，温度によって変化する．また，$(a + b)$ の値を**反応の次数**（order of reaction）という．たとえば，$H_2 + I_2 \rightarrow 2HI$ の反応の反応速度式は次式で表される．

$$v = k[H_2][I_2]$$

この反応は 2 次式である．また反応物が気体のとき，圧力が 2 倍になると，気体の濃度も 2 倍になることを考慮すると，上の反応式において，水素とヨウ素の濃度がそれぞれ 2 倍になるので，反応速度は，4 倍（2 倍×2 倍）になる．

実際には，反応速度式（反応の次数）は，実験値で決まり，反応式の係数と一致しない場合があるので，注意しなければならない．

7.8　反応のしくみと活性化エネルギー

反応物どうしが衝突するには，ある程度のエネルギーを持たなければいけない．衝突する直前のエネルギーを持った反応物の状態を**活性化状態**（activated state）といい，活性化状態になるためのエネルギーを**活性化エネルギー**（activation energy）という．また反応速度は，反応物の濃度，温度，触媒，表面積，圧力（気体の場合）などで変化する．

具体例

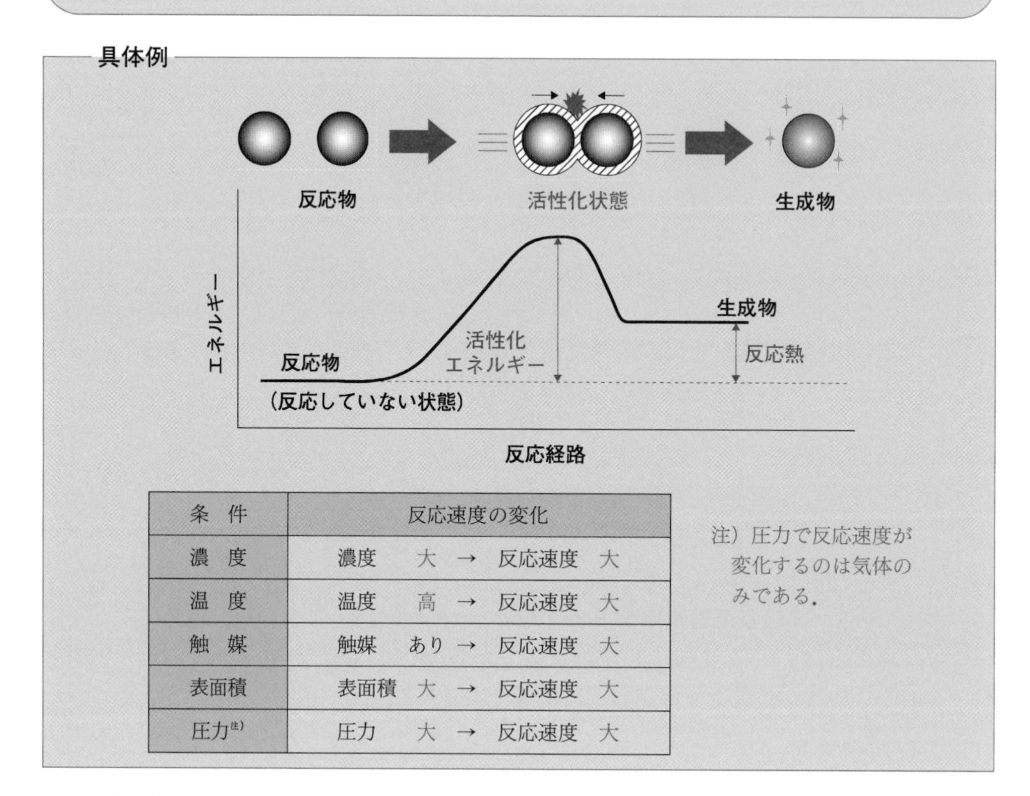

条　件	反応速度の変化
濃　度	濃度　大　→　反応速度　大
温　度	温度　高　→　反応速度　大
触　媒	触媒　あり　→　反応速度　大
表面積	表面積　大　→　反応速度　大
圧力[注)]	圧力　大　→　反応速度　大

注）圧力で反応速度が変化するのは気体のみである．

発　展

分子内の共有結合を切断するのに必要なエネルギーを**結合エネルギー**（bond energy）という．

確認問題

活性化エネルギーの値が小さいほど，反応速度はどうなるか答えよ．

答：速くなる

すでに述べたように，化学反応は，反応物の粒子どうしが衝突することによって起こる．このとき化学反応が起こるためには，粒子がある一定以上のエネルギーを持って衝突しなければならない．この衝突するために必要なエネルギーを活性化エネルギーという．また，粒子が衝突する直前，この活性化エネルギーを持った状態を活性化状態という．

前ページの具体例をみてみると，ある程度のエネルギーを持った反応物が，活性化エネルギーを持って（活性化状態になって）衝突し，新しいエネルギーを持った生成物になっているのがわかる．このとき，生成物の持つエネルギーと反応物の持つエネルギーとの差が反応熱になる．

次に，反応速度を変える条件を見てみよう．反応物の濃度が濃くなったり，気体の圧力が高くなることで，粒子の衝突回数が増え，反応速度が速くなることはすでに述べた．同様に，反応物の表面積が増えると，衝突できる箇所が増加するため，反応速度は大きくなる．固体の塊で反応させるよりも，粉末の状態のほうが反応が速いのはこのためである．

金属の酸化や薬品の分解は，温度が高いほど反応が速くなることは経験上わかっている．温度を高くすると，粒子の熱運動が激しくなるため，衝突回数が増え，反応速度が大きくなると考えられる．しかし，温度が高くなると，衝突回数が増えるだけではなく，活性化エネルギーより大きいエネルギーを持つ粒子が増えることも知られている．

また，過酸化水素水に二酸化マンガンを加えると，二酸化マンガンは変化しないが，過酸化水素は水と酸素に反応する．このように，それ自身は反応しないが，反応速度を早くする物質を触媒（catalyst）という．触媒は，反応の活性化エネルギーを小さくし*，反応速度を大きくする．ただし，反応熱は触媒に関係なく一定である．

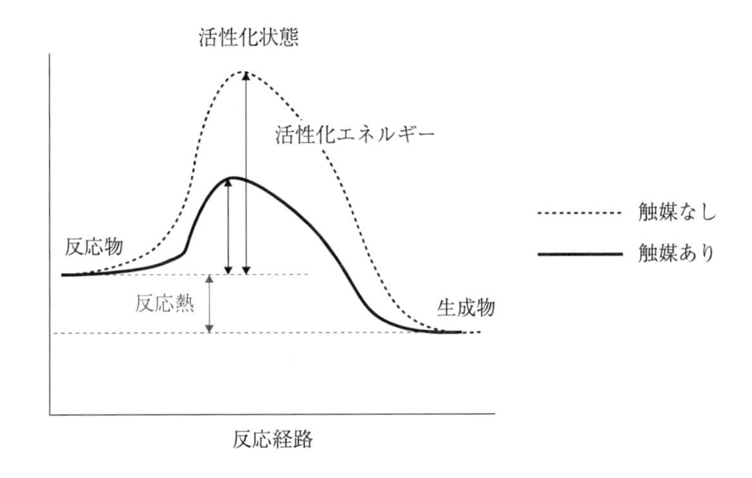

* 反応するのに都合の良い形に分子を変形できるので，触媒は活性化エネルギーを小さくできると見なしてよい．

7.9　化学平衡*

反応によっては，全く反応式の逆向きの反応が起こる場合がある．条件などによって正方向や逆方向のどちらにも進む反応を**可逆反応**（reversible reaction）といい，反応式の右向きの反応を**正反応**（forward　reaction），左向きの反応を**逆反応**（reverse reaction）という．また可逆反応において，正反応と逆反応の反応速度が同じになったとき，みかけ上，反応が止まったようにみえる．この状態を**平衡状態**（equilibrium state）という．

具体例

$$aA + bB \underset{\text{逆反応}}{\overset{\text{正反応}}{\rightleftarrows}} cC + dD$$

a，b，c，d：係数　A，B，C，D：物質（化学式）

上記の反応が平衡状態のとき，反応物と生成物の濃度には次のような関係がある．

$$K = \frac{[C]^c[D]^d}{[A]^a[B]^b}$$

K を**平衡定数**（equilibrium constant）という

[A]，[B]，[C]，[D]：A，B，C，D のモル濃度

発　展

平衡定数（K）は，温度が一定なら反応物や生成物の濃度に関係なく一定である．また，上式で表される反応物と生成物の濃度の関係を**質量作用の法則**（law of mass action）という．

確認問題

$2SO_2 + O_2 \rightleftarrows 2SO_3$　の平衡定数を求める式を記せ．

答：$K = \dfrac{[SO_3]^2}{[SO_2]^2[O_2]}$

＊　この概念がすべての自然法則の原理で，非常に重要な節理である．元の法則は「質量作用の法則」とよび，自然現象を決めている．この法則により，自然界はコントロールされ，宇宙が膨張し続ける原理も，この法則に従っている．このようにすべてを平衡状態に保とうとする，これが自然現象であり，電気で学ぶ「レンツの法則」もこの概念から考えられている．

化学反応において，反応物から生成物ができた後，生成物から再び反応物を生成する反応がある．たとえば，H_2 と I_2 から HI が生成する反応は，生成した HI から，H_2 と I_2 を再び生成する．このように，正反応と逆反応の両方が起こる反応を可逆反応という．また，一方向しか進まない反応，すなわち逆反応が起こらない反応を，不可逆反応という．

$$H_2 + I_2 \underset{逆反応}{\overset{正反応}{\rightleftarrows}} 2\,HI$$

上の反応式において，正反応および逆反応の反応速度は次式で表される．

$$v_1 = k_1[H_2][I_2]$$
$$v_2 = k_2[HI]^2$$

反応が進むにつれて，水素とヨウ素は減少するので，v_1 は減少し，逆にヨウ化水素は増えていくので，v_2 は増加する．やがて，$v_1 = v_2$ すなわち，正反応と逆反応の反応速度が等しくなった時，みかけ上反応が止まって見える．この状態を平衡状態という．この場合，正反応と逆反応の関係は次式で表される．

$$k_1[H_2][I_2] = k_2[HI]^2 \Rightarrow \frac{k_1}{k_2} = \frac{[HI]^2}{[H_2][I_2]}$$

ここで $K = k_1/k_2$ とすると，平衡状態の反応物や生成物の各濃度は具体例で示した式で表される．

$$K = \frac{[HI]^2}{[H_2][I_2]}$$

よって，いま H_2 が 0.1 mol/L，I_2 が 0.9 mol/L，HI が 0.6 mol/L で平衡状態になった場合の平衡定数は上式に代入して，

$$K = \frac{(0.6)^2}{(0.1) \times (0.9)} = 4$$

となる．なお，平衡定数は温度が等しいときは濃度に関係なく一定である．

7.10　平衡の移動

ある反応が平衡状態にあるとき，温度・濃度・圧力（気体の場合）などを変化させると，平衡状態が一度壊れ，再び反応が起こって新しい平衡状態になる．この現象を平衡の移動といい，正反応に反応が進むことを「右に移動」，逆反応に反応が進むことを「左に移動」という．

平衡の移動は，外部から与えられた条件を打ち消す方向に移動する．この平衡の移動の原理を**ルシャトリエの原理**（Le Chatelier's principle）という．

具体例

ルシャトリエの原理

条件の変化		平衡移動の方向	（例）$N_2 + 3H_2 = 2NH_3 + 92.2\,kJ$
濃　度	増加	濃度を減少させる方向	N_2，H_2 添加　→　平衡は右へ移動
	減少	濃度を増加させる方向	NH_3 除去　→　平衡は右へ移動
温　度	上昇	吸熱反応の方向	加熱する　→　平衡は左へ移動
	下降	発熱反応の方向	冷却する　→　平衡は右へ移動
圧　力（気　体）	増加	圧力（分子数）を減少させる方向	加圧する　→　平衡は右へ移動
	減少	圧力（分子数）を増加させる方向	減圧する　→　平衡は左へ移動

発　展

アンモニアの工業的製法はハーバー法といい，ルシャトリエの原理と反応速度仕組みを利用したものである．高圧下で行うことによって，反応を比右に移動させる．また触媒を用いることにより，高温で反応させることで反応速度を速くしている．

確認問題

$2SO_3 \rightleftarrows 2SO_2 + O_2$ の反応において，平衡を右に移動させるにはどうしたらよいか答えよ．ここで SO_3，SO_2，O_2 はすべて気体である．

答：温度を上げる，圧力を下げる，SO_3 を添加する，SO_2・O_2 を除去する．

1884 年，ルシャトリエは「化学反応が平衡状態にあるとき，濃度・圧力・温度などの反応条件を変化させると，その変化をやわらげる方向に反応が進み，新しい平衡状態になる」ことを発表した．このことをルシャトリエの原理という．

「$N_2 + 3H_2 \rightleftarrows 2NH_3 + 92.2\,kJ$」の反応において，具体例をみながら，各項目について，考えてみよう．

【濃度変化】

ルシャトリエの原理によると，ある物質の濃度を減少させた時はその濃度が増加する方向に平衡が移動し，ある物質の濃度を増加させた時はその濃度を減少させる方向に平衡が移動する．すなわち，この場合，N_2，H_2 の濃度を減少させると平衡は左に移動し（N_2，H_2 を増やす方向），N_2，H_2 の濃度を増加させると平衡は右に移動する．同様に，NH_3 の濃度を減少させると，平衡は右に移動し，NH_3 の濃度を増加させると平衡は左に移動する．

【温度変化】

ルシャトリエの原理によると，冷却すると発熱する方向，加熱すると吸熱する方向に反応が進む．温度変化で平衡の移動を考える場合，その反応が発熱反応，吸熱反応のどちらの反応であるか考えるとわかりやすい．この場合は発熱反応なので，冷却すると平衡は右に移動し，加熱すると平衡は左に移動する（同様に，吸熱反応で表される反応は，冷却すると平衡は左に移動し，加熱すると平衡は右に移動する）．

【圧力変化】

気体が関与する反応では，圧力変化も平衡を移動させる要因となる．ルシャトリエの原理によると，加圧すると気体の個数が少ない方に移動し，減圧すると気体の個数が多い方に移動する．この場合は，窒素，水素，アンモニアすべて気体である．気体の個数を比べるには，係数を見ればわかりやすい．この反応の場合，左辺は 4 (1 + 3)，右辺は 2 として考えると，右辺の方が分子の数が少ないことがわかる．よって圧力を増加すると平衡は右に移動し，圧力を減少させると反応は左に移動する．なお，気体の数が同じ場合や気体を含まない反応については，圧力変化による平衡の移動はない．

章末問題 7

【例題 1】化学反応式

窒素（N_2）と水素（H_2）が反応するとアンモニア（NH_3）が生成する．この化学反応について以下の問いに答えよ．

① この反応の化学反応式を書け．
② 窒素 2 mol と反応する水素分子は何 mol か．
③ 窒素 7 g が全て反応するとアンモニアは標準状態で何 L できるか．
④ アンモニアを 34 g を得るのに，何 g の窒素が必要か．
⑤ 水素分子 15 個が反応すると，アンモニア分子は何個生成するか．

考え方

① 化学反応式の作り方を参照して
$N_2 + 3\,H_2 \rightarrow 2\,NH_3$
② 係数より，1 mol の N_2 と 3 mol の H_2 が反応するので，
$1:3 = 2:x \Rightarrow x = 6$
③ 窒素 7 g は 7/28 = 0.25 mol，また係数より 1 mol の N_2 から 2 mol の NH_3 が生成するので
$1:2 = 0.25:y \Rightarrow y = 0.5$ mol
0.5 mol のアンモニアの体積は，$0.5 \times 22.4 = 11.2$ L
④ アンモニア 34 g は 34/17 = 2 mol，また係数より 2 mol の NH_3 が生成するとき，1 mol の N_2 が反応しているので
$1:2 = z:2 \Rightarrow z = 1$ mol
1 mol の窒素は，28 g
⑤ 係数より水素 3 個が反応すると，2 個のアンモニアが生成するので
$3:2 = 15:a \Rightarrow a = 10$ 個

答　① $N_2 + 3\,H_2 \rightarrow 2\,NH_3$，② 6 mol，③ 11.2 L，④ 28 g，⑤ 10 個

問題 1

「$CH_4 + 2\,O_2 \rightarrow CO_2 + 2\,H_2O$」の反応について以下の問いに答えよ．

① メタン 1 mol を燃焼させるのに酸素は何 mol 必要か．
② メタン 88 g を燃焼させると水は何 g 生成するか．
③ 標準状態で 4.48 L の二酸化炭素が生成したとき、燃焼したメタンは何 g か．
④ メタン分子 5 個が燃焼すると，水分子は何個，生成するか．
⑤ 水が 36 g 生成したとき，燃焼したメタン分子は何個か．

答：**(問題 1)** ① 2 mol，② 198 g，③ 3.2 g，④ 10 個，⑤ 6.0×10^{23} 個

【例題 2】ヘスの法則

次の熱化学方程式を用いて，メタノール（CH_3OH（液））の生成熱を求めよ．

H_2（気）　＋ 1/2 O_2（気）＝ H_2O（液）　＋ 286 kJ　①

C（固）　＋ O_2（気）　＝ CO_2（気）　＋ 394 kJ　②

CH_3OH（液）＋ 3/2 O_2（気）＝ CO_2（気）＋ 2 H_2O（液）＋ 744 kJ　③

考え方

求める熱化学方程式は，下の式で表される．

C（固）＋ 1/2 O_2（気）＋ 2 H_2（気）＝ CH_3OH（液）＋ ? kJ

上式を作るには，① × 2 ＋ ② － ③式となるので反応熱は，

286 × 2 ＋ 394 － 744 ＝ 222

答　222　kJ

問題 2

次の熱化学方程式からブタンの生成熱を求めよ．

H_2（気）　＋ 1/2 O_2（気）＝ H_2O（液）　＋　286 kJ　①

C（黒鉛）　＋ O_2（気）　＝ CO_2（気）　＋　394 kJ　②

C_4H_{10}（気）＋ 13/2 O_2（気）＝ 4 CO_2（気）＋ 5 H_2O（液）＋ 2,876 kJ　③

問題 3

次の①～③の熱化学方程式を用いて，一酸化炭素と水素からメタンと水を生成する反応の反応熱を求めよ．

CH_4（気）＋ 2 O_2（気）　＝ CO_2（気）＋2 H_2O（液）＋ 890 kJ　①

CO（気）　＋ 1/2 O_2（気）＝ CO_2（気）　＋ 283 kJ　②

H_2（気）　＋ 1/2 O_2（気）＝ H_2O（液）　＋ 286 kJ　③

答：（問題 2）① × 5 ＋ ② × 4 － ③ ＝ 130 kJ

（問題 3）② ＋ ③ × 3 － ①　＝ 251 kJ

【例題 3】化学平衡

「$H_2 + I_2 \rightleftarrows 2HI$」の反応について以下の問いに答えよ．

① 1 L の密閉容器を一定温度に保って，水素 0.6 mol とヨウ素 0.2 mol を入れたところ，ヨウ化水素が 0.3 mol 生成して，平衡に達した．このときの濃度平衡定数を求めよ．

② ①の状態にヨウ素をさらに 0.2 mol 加えて新しい平衡状態になったとき，ヨウ素は何 mol 反応するか．

考え方

① ヨウ化水素が 0.3 mol 生成する時，反応した水素とヨウ素はそれぞれ 0.15 mol 反応するので，反応していない水素，ヨウ素は

水素：$0.6 - 0.15 = 0.45$ mol　　ヨウ素：$0.2 - 0.15 = 0.05$ mol

よって，体積は 1 L なので各濃度は $[H_2] = 0.45$，$[I_2] = 0.05$，$[HI] = 0.15$ mol/L である．平衡定数（K）は

$$K = \frac{[HI]^2}{[H_2][I_2]} = \frac{(0.3)^2}{(0.45) \times (0.05)} = 4$$

② ①の状態にヨウ素を 0.2 mol 加えて反応したヨウ素を x mol とすると，化学反応式より反応した水素と生成したヨウ化水素はそれぞれ，x mol，$2x$ mol である．

よって各濃度は $[H_2] = 0.6 - x$，$[I_2] = 0.4 - x$，$[HI]=2x$ mol/L である．濃度を変えても平衡定数は変わらないので，

$$\frac{(2x)^2}{(0.6 - x) \times (0.4 - x)} = 4$$

$$x = 0.24$$

答　① 4，② 0.24 mol

問題 4

$CH_3COOH + C_2H_5OH \rightleftarrows CH_3COOC_2H_5 + H_2O$ の反応において，酢酸 3 mol とエタノール 2 mol を 1 L の容器で反応させて平衡状態に達したとき，酢酸エチルが 1.2 mol 生成した．このときの平衡定数を求めよ．

答：（問題 4）$K=1$

8 酸と塩基

塩酸（塩化水素の水溶液）は青色リトマス紙を赤変し，亜鉛や鉄などの金属を溶かして水素を発生する．このような性質を酸性と呼び，酸性を示すもとになる物質を酸という．また，水酸化ナトリウム水溶液は赤色リトマス紙を青変し，皮膚に触れるとぬるぬるとする．このような性質を塩基性と呼び，塩基性を示すもとになる物質を塩基という．

塩酸に水酸化ナトリウム水溶液を加えていくと，あるところで塩化ナトリウム水溶液に変わる．このように，酸と塩基は反応（中和）して互いの性質を打ち消し合う．

ここでは，酸・塩基の性質や水溶液中での酸と塩基の中和反応について学ぶ．

check

酸に対応する用語としてアルカリが用いられる場合があるが，アルカリとは水溶性の塩基のことをいう．アルカリ性とはアルカリが水溶液中で示す性質のことである．

8.1　酸・塩基の定義

アレニウスの定義（Arrhenius definition）

酸（acid）：水溶液中で電離して水素イオン（H^+）* を放出する物質

塩基（base）：水溶液中で電離して水酸化物イオン（OH^-）を放出する物質

具体例

① $HA \longrightarrow H^+ + A^-$

（酸）　H^+＋（陰イオン）

例）$HCl \longrightarrow H^+ + Cl^-$

$CH_3COOH \longrightarrow H^+ + CH_3COO^-$

② $BOH \longrightarrow B^+ + OH^-$

（塩基）　（陽イオン）＋ OH^-

例）$NaOH \longrightarrow Na^+ + OH^-$

$Ca(OH)_2 \longrightarrow Ca^{2+} + 2\,OH^-$

発　展

ブレンステッドの定義（Brønsted definition）

ブレンステッドはアレニウスの定義を拡張して次のように定義した．

酸：水素イオンを放出する物質，**塩基**：水素イオンを受け取る物質

これによると，水溶液中にかぎらず酸と塩基の反応を説明することができる．

（例）$HCl + NH_3 \longrightarrow NH_4^+ + Cl^-$ (NH_4Cl)

（HCl から NH_3 へ H^+）

塩化水素（気体）とアンモニア（気体）を混合すると，塩化アンモニウムの微粒子（固体）が生成して白煙となって観察される．このとき，HCl から放出した H^+ を NH_3 がうけとったから HCl は酸で，NH_3 は塩基である．

確認問題

次の物質を酸と塩基に分類せよ．

硝酸　水酸化カリウム　アンモニア　硫酸　水酸化バリウム　酢酸

答：酸　；硝酸（HNO_3），硫酸（H_2SO_4），酢酸（CH_3COOH）

塩基；水酸化カリウム（KOH），アンモニア（NH_3），水酸化バリウム（$Ba(OH)_2$）

＊ ちょっと一休み．H^+は1個だけ持っている電子をはき出して原子核だけの状態のものをさしている．原子核がむき出しというのは，現実にはごく短い時間しか存在できない．瞬間のうちに

$H^+ + H_2O \longrightarrow H_3O^+$

という形をとるが，形式的に H^+と略記している．

アレニウスの定義によれば，水に溶けて水素イオン（H^+）を放出する物質を酸という．しかし，実際には，H^+ は水中で単独には存在せず，水分子と結合（水和）して H_3O^+（オキソニウムイオン）となっている．したがって，塩化水素や酢酸の水中での電離の様子を厳密に表すと次式のようになる．

$$HCl + H_2O \longrightarrow H_3O^+ + Cl^- \quad (1)$$

$$CH_3COOH + H_2O \longrightarrow H_3O^+ + CH_3COO^- \quad (2)$$

(1)式での塩化水素，(2)式での酢酸は水分子に H^+ を与えるからブレンステッドの定義によってもこれらの物質が酸であることは変わりない．ふつう，水中での酸の電離を (1)′，(2)′式のように簡単にして表す場合が多いが，このとき放出された H^+ は実際には H_3O^+ として存在していることを知っておく必要がある．

$$HCl \longrightarrow H^+ + Cl^- \quad (1)'$$

$$CH_3COOH \longrightarrow H^+ + CH_3COO^- \quad (2)'$$

アンモニア水は塩基性を示す．しかし，アンモニアは分子内に水酸化ナトリウムのように OH^- をもたないので，アレニウスの定義では塩基であることの説明が困難である．実際には，水に溶けたアンモニアのうちの一部が，(3)式のように水中で水分子から H^+ を受け取っているのでブレンステッドの定義からアンモニアは塩基となる．このとき，H^+ を失った水から OH^- が生じる．

$$NH_3 + H_2O \longrightarrow NH_4^+ + OH^- \quad (3)$$

（H^+ が H_2O から NH_3 へ移る）

二酸化炭素は水に溶けると酸性を示す．このように非金属元素の酸化物の多くは水に溶けて酸性を示したり，水と反応して酸となるので**酸性酸化物**（acidic oxide）と呼ばれる．

$$CO_2 + H_2O \longrightarrow H^+ + HCO_3^- \quad （炭酸水）$$

$$SO_3 + H_2O \longrightarrow H_2SO_4 \quad （硫酸）$$

また，金属元素の酸化物は水に溶けて塩基性を示したり，酸と直接反応して塩をつくるものが多く，これらは**塩基性酸化物**（basic oxide）と呼ばれる．

$$Na_2O + H_2O \longrightarrow 2\,NaOH \quad （水酸化ナトリウム）$$

$$CaO + H_2O \longrightarrow Ca(OH)_2 \quad （水酸化カルシウム）$$

8.2 酸・塩基の価数と強さ

酸（塩基）が水溶液中で完全に電離すると仮定したとき，酸（塩基）1 mol が放出する H^+（OH^-）の物質量の数値を酸（塩基）の価数という．

しかし，水に溶かしたときすべての酸（塩基）が完全に電離するわけではない．電離の割合は酸（塩基）の種類や濃度によって異なる．水溶液中で電解質が電離する割合を電離度（degree of electrolytic dissociation）という．酸性（塩基性）の強さは水溶液中で電離している H^+（OH^-）の濃度によって変わるから，酸・塩基の強弱は電離度によって決まるといえる．

具体例

価数	酸	塩基
1価	$HCl \rightarrow H^+ + Cl^-$ $CH_3COOH \rightarrow H^+ + CH_3COO^-$ $HNO_3 \rightarrow H^+ + NO_3^-$	$NH_3 + H_2O \rightarrow NH_4^+ + OH^-$ $NaOH \rightarrow Na^+ + OH^-$ $KOH \rightarrow K^+ + OH^-$
2価	$H_2SO_4 \rightarrow 2H^+ + SO_4^{2-}$ $(COOH)_2 \rightarrow 2H^+ + (COO)_2^{2-}$	$Ca(OH)_2 \rightarrow Ca^{2+} + 2OH^-$ $Ba(OH)_2 \rightarrow Ba^{2+} + 2OH^-$
3価	$H_3PO_4 \rightarrow 3H^+ + PO_4^{3-}$	$Fe(OH)_3 \rightarrow Fe^{3+} + 3OH^-$

同じ濃度の塩酸と酢酸水溶液に，亜鉛を加えると塩酸のほうが活発に反応する．これは，両者ともに1価の酸でありながら，塩酸のほうが酢酸水溶液に比べて，多くの H^+ を電離しているからである．

1価の酸（塩基）の電離度（α）は次式で表される．

$$\alpha = \frac{\text{電離した酸（塩基）の物質量}}{\text{溶かした酸（塩基）の物質量}} \qquad 0 \leqq \alpha \leqq 1$$

α が1に近い酸・塩基を強酸・強塩基といい，1よりも小さい酸・塩基を弱酸・弱塩基という．HCl，HNO_3，H_2SO_4 などは強酸，$NaOH$，KOH，$Ca(OH)_2$ などは強塩基である．

発　展

酢酸は弱酸である．この理由は，水中で一度電離した H^+ と CH_3COO^- が結合して再び CH_3COOH にもどる変化も同時に起こっている（可逆反応）からである．このようなとき，$CH_3COOH \rightleftarrows H^+ + CH_3COO^-$ と表す場合がある．

確認問題

0.1 mol/L の NH_3 水は電離度（α）が 0.01 である．このときの OH^- のモル濃度はいくらか

答：1×10^{-3} mol/L

2 価の酸である硫酸は(1)，(2)式のように 2 段階で電離する．左ページに示した硫酸の電離式はこの 2 つの式をまとめて表したものである．完全に電離すると 1 mol の硫酸から 2 mol の H^+ が生じることがわかる．同様に，3 価の酸であるリン酸は 3 段階で電離する．

$$H_2SO_4 \rightarrow H^+ + HSO_4^- \quad (1)$$

$$+ \quad HSO_4^- \rightarrow H^+ + SO_4^{2-} \quad (2)$$

$$H_2SO_4 \rightarrow 2\,H^+ + SO_4^{2-}$$

もし，すべての酸が完全に電離すれば，価数の大きい酸は，小さい酸よりより多くの H^+ を放出するので強い酸であるといえる．しかし，実際の酸や塩基のなかには水に溶けたときその一部しか電離しないものも多い．そのため，価数の大小は酸や塩基の強さを示す指標ではないことに注意する必要がある．酸・塩基の強弱は電離度によって決まる．

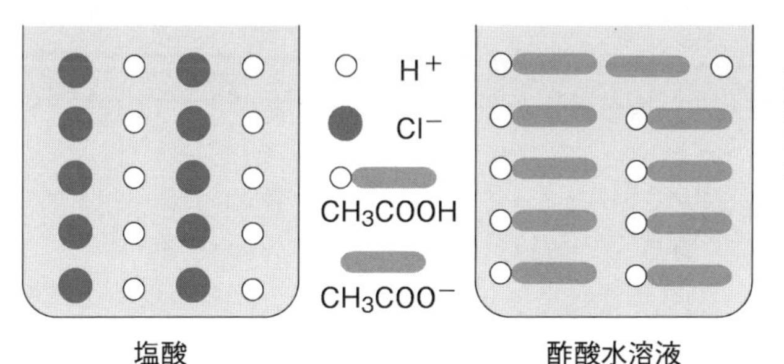

HCl，CH_3COOH の水溶液中での電離

1 価の酸の水溶液中における H^+ 濃度は，溶かした酸のモル濃度と電離度の積である．したがって，電離度の大きい酸は強酸である．塩基の場合も同様で，塩基水溶液中の OH^- 濃度は，溶かした塩基のモル濃度と電離度の積であるから電離度の大きい塩基は強塩基である．

電離度は酸や塩基の種類が一定でも濃度や温度によって変わる．酢酸のような弱酸でも希薄溶液にすると電離度は 1 に近づく．ある酸（塩基）の電離度が濃度によってどのように変わるかは，左ページの発展で触れた可逆反応の平衡時における質量作用の法則から，平衡定数（電離定数）を用いて求めることができるがここでは省略する．

8.3　水のイオン積

精密な測定をすると，純水も弱い電気伝導性を示すことがわかる．これは，水がごくわずかに電離していることを意味する．

$$H_2O \rightleftharpoons H^+ + OH^-$$

25℃における純水中の H^+ 濃度（$[H^+]$）と OH^- 濃度（$[OH^-]$）の積は 1.0×10^{-14} mol^2/L^2 となる．この関係は水の**イオン積**（ion product of water，K_w）とよばれ，純水に限らず，すべての水溶液で成り立つ．

$$K_w = [H^+]\cdot[OH^-] = 1.0 \times 10^{-14}\ mol^2/L^2 \quad (25℃)$$

純水の $[H^+]$ と $[OH^-]$ は互いに等しいから，その値は 1.0×10^{-7} mol/L（25℃）である．

＊注意：記号[　]はモル濃度(mol/L)を表す．$[H^+]$ は「水素イオン濃度」と読む．

具体例

純水では，$[H^+]$と$[OH^-]$が等しいので**中性**（neutral）を示す．酸や塩基の水溶液中でも，H^+ と OH^- は共存していて，両者の間には，常に，水のイオン積の関係が成り立っている．**酸性**（acidic）の水溶液は$[H^+]$が$[OH^-]$よりも大きく，**塩基性**（basic）の水溶液では$[OH^-]$が$[H^+]$よりも大きい．また，酸性溶液では$[H^+]$が大きいほど酸性が強く，塩基性水溶液では$[OH^-]$が大きいほど塩基性が強い．

酸　性　$[H^+] > 1.0 \times 10^{-7}\ mol/L > [OH^-]$

中　性　$[H^+] = 1.0 \times 10^{-7}\ mol/L = [OH^-]$

塩基性　$[H^+] < 1.0 \times 10^{-7}\ mol/L < [OH^-]$

発　展

純水中で水が電離している割合を求めてみよう．H_2O 1.0 L（1000 g）の物質量は約 56 mol である．このうちの，1.0×10^{-7} mol の水が電離した結果，$[H^+] = [OH^-] = 1.0 \times 10^{-7}$ mol/L となっているのだから，

$$電離の割合 = \frac{1.0 \times 10^{-7}\ mol}{56\ mol} = \frac{1}{5.6 \times 10^8}$$

つまり，5.6 億個の水分子のうち，わずか 1 個が電離していることになる．

確認問題

① 0.10 mol/L の塩酸（$\alpha = 1$）の [H^+] を求めよ．
② 0.05 mol/L の酢酸水溶液（$\alpha = 0.02$）の [H^+] を求めよ．
③ 0.10 mol/L の水酸化ナトリウム水溶液（$\alpha = 1$）の[H^+]を求めよ．

答：① 0.10 mol/L，② 1.0×10^{-3} mol/L，③ 1.0×10^{-13} mol/L

下表に，一般的な酸・塩基を価数と強弱で整理した．強酸・強塩基は水溶液中でほぼ完全に電離する（電離度 $\alpha = 1$）とみなしてよい．

酸・塩基の価数と強弱

価　数	強　酸	弱　酸	強塩基	弱塩基
1　価	HCl，HNO_3	CH_3COOH	NaOH，KOH	NH_3
2　価	H_2SO_4	$(COOH)_2$，H_2S	$Ca(OH)_2$，$Ba(OH)_2$	$Cu(OH)_2$
3　価		H_3PO_4		$Fe(OH)_3$

具体的な例として強酸の HCl と，強塩基の NaOH について，1.0 mol/L の水溶液中の[H^+]を比較してみよう．ともに，電離度 $\alpha = 1$，価数は 1 価であるから，

塩　酸

[H^+] ＝（HCl の濃度）×（電離度）＝ 1.0 mol/L × 1 ＝ 1.0 mol/L

水酸化ナトリウム溶液

[OH^-] ＝（NaOH の濃度）×（電離度）＝ 1.0 mol/L × 1 ＝ 1.0 mol/L
[H^+]・[OH^-] ＝ K_w から，[H^+] ＝ 1.0×10^{-14} mol/L

つまり，2 種の水溶液中の[H^+]は 14 桁もの広い範囲で異なっていることがわかる．

強酸の HCl と弱酸の CH_3COOH について，0.10 mol/L の水溶液中の[H^+]も比較してみよう．ともに 1 価の酸であるが，HCl の $\alpha = 1$ に対して，この濃度における CH_3COOH は $\alpha \fallingdotseq 0.02$ と小さいから下記のように説明できる．

塩　酸

[H^+] ＝（HCl の濃度）×（電離度）＝ 0.10 mol/L × 1 ＝ 0.10 mol/L

酢酸水溶液

[H^+] ＝（CH_3COOH の濃度）×（電離度）＝ 0.10 mol/L × 0.02
＝ 2.0×10^{-3} mol/L

つまり，塩酸は酢酸水溶液よりも 50 倍 H^+ を多量に含んでいる（酸性が強い）ことがわかる．

8.4　水素イオン濃度と pH

これまでみてきたように，水溶液の酸性・塩基性の強さは水素イオン濃度$[H^+]$によって決まる．しかし，$[H^+]$は非常に広い範囲で変わるので，指数をともなった数値にさらに mol/L の単位をつけて，直接表すのは不便なうえわかりにくい．もっと簡単な数値におきかえて表すために pH（power of hydrogen）の考え方が導入された．

$[H^+]$が，1×10^{-n}（mol/L）のとき，pH を n とする．

水溶液の pH は，およそ，0〜14 の範囲となる．

具体例

水溶液中の$[H^+]$，$[OH^-]$と pH の関係を下図に示した．

$[H^+]$	1	10^{-1}	10^{-2}	10^{-3}	10^{-4}	10^{-5}	10^{-6}	10^{-7}	10^{-8}	10^{-9}	10^{-10}	10^{-11}	10^{-12}	10^{-13}	10^{-14}
$[OH^-]$	10^{-14}	10^{-13}	10^{-12}	10^{-11}	10^{-10}	10^{-9}	10^{-8}	10^{-7}	10^{-6}	10^{-5}	10^{-4}	10^{-3}	10^{-2}	10^{-1}	1
液性	酸性（強）							中性						（強）	塩基性
pH	0	1	2	3	4	5	6	7	8	9	10	11	12	13	14

25℃で，$[H^+]$が 1.0×10^{-7} mol/L（中性）のときの pH は 7 である．

pH の値が 7 より小さいほど酸性が強く，大きいほど塩基性が強い．

発　展

pH は**水素イオン指数**とも呼ばれ，実際には，$[H^+]$の数値の逆数の対数である．$[H^+] = a$（mol/L）のときの pH は次の式で求められる．

$$\mathrm{pH} = \log_{10}\frac{1}{a} = -\log_{10} a$$

確認問題

① 0.10 mol/L の塩酸（$\alpha = 1$）の pH を求めよ．

② 0.05 mol/L の酢酸水溶液（$\alpha = 0.02$）の pH を求めよ．

③ 0.10 mol/L の水酸化ナトリウム水溶液（$\alpha = 1$）の pH を求めよ．

④ pH 4 の水溶液と pH 6 の水溶液を比較すると，$[H^+]$はどちらが何倍大きいか．

答：① pH 1，② pH 3，③ pH 13，④ pH 4 の水溶液が 100 倍大きい

水溶液の pH は，pH メーターによって測定できるが，万能 pH 試験紙を用いると簡単におよその値を知ることができる．万能 pH 試験紙は，複数の pH 指示薬をろ紙にしみこませたものである．特定の pH 領域で色が変化する pH 指示薬の例としては次のようなものがある．

pH 指示薬とその変色領域

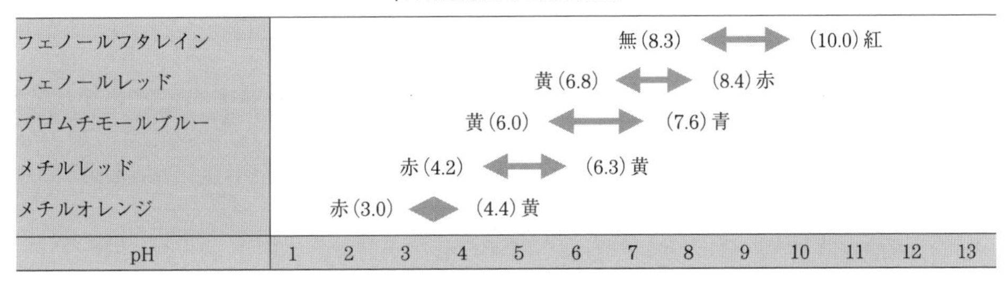

pH 指示薬も非常に弱い酸や塩基の一種である．H^+ と結合したとき（酸型）と H^+ を放出したとき（塩基型）で色が変化する物質が指示薬として用いられている．いま，酸型の指示薬（HIn）を塩基性溶液に加えると， HIn は次式，右向きの変化によって H^+ を放出し自身は塩基型（In^-）になって変色する．次に，溶液を酸性にすると In^- は H^+ を受け取って左向きに変化し酸型（HIn）にもどる．

$$\underset{\text{(酸型)}}{\mathrm{HIn}} \rightleftarrows \mathrm{H^+} + \underset{\text{(塩基型)}}{\mathrm{In^-}}$$

空気中に長時間放置した純水は弱い酸性を示す．空気中の CO_2 を吸収するためである．

$$CO_2 + H_2O \longrightarrow H^+ + HCO_3^-$$

CO_2 を吸収した水の pH は 5.6 となる（CO_2 の水への溶解度，空気中の体積組成および電離定数を用いて求めることができる）．雨も同様で，大気汚染が全くない場合でも CO_2 によって弱酸性を示す．化石燃料の燃焼や火山の噴火で生じた硫黄酸化物や自動車排気ガス中の窒素酸化物は，やがて，大気中で硫酸や硝酸に変わり，雨に溶けてこれより強い酸性になる．一般に，**酸性雨**（acid rain）というときは，pH 5.6 以下の雨をいう．

8.5 中和反応

酸が放出する H^+ と塩基が放出する OH^- によって水（H_2O）ができ，酸の性質，塩基の性質が打ち消しあうことを**中和**（neutralization）といい，このときの，酸・塩基の反応を**中和反応**という．

中和反応は，酸からの H^+ と塩基からの OH^- の物質量がちょうど等しくなったとき完結する．このとき，H_2O のほかに，酸の陰イオンと塩基の陽イオンが結合してできた塩（salt）が同時に生成する．

具体例

塩酸と水酸化ナトリウム水溶液を混ぜると次式のように中和し，水と塩化ナトリウム（塩）が生成する．

$$HCl + NaOH \longrightarrow NaCl + H_2O$$

これを，イオン反応式で表すと，次のようになる．

$$\boxed{H^+ + Cl^-} + \boxed{Na^+ + OH^-} \rightarrow \boxed{Na^+ + Cl^-} + H_2O$$

このように，価数の等しい酸と塩基（この場合はともに1価）は1：1の物質量比でちょうど中和する．

発　展

硫酸は1 mol の H_2SO_4 から H^+ を2 mol 放出する2価の酸であるから，1価の塩基である水酸化ナトリウムの水溶液と中和するときは，H_2SO_4 の2倍の物質量の NaOH が必要である．

中和反応式は次のようになる．

$$\boxed{\underline{2H^+} + SO_4^{2-}} + \boxed{2Na^+ + \underline{2OH^-}} \rightarrow \boxed{2Na^+ + SO_4^{2-}} + 2H_2O$$

$$H_2SO_4 + 2\,NaOH \longrightarrow Na_2SO_4 + 2\,H_2O$$

確認問題

次の酸と塩基の水溶液が完全に中和するときの中和反応式を書け．

① 酢酸と水酸化カリウム

② 硝酸と水酸化バリウム

③ シュウ酸と水酸化ナトリウム

答：① $CH_3COOH + KOH \rightarrow CH_3COOK + H_2O$，② $2\,HNO_3 + Ba(OH)_2 \rightarrow Ba(NO_3)_2 + 2\,H_2O$
③ $(COOH)_2 + 2\,NaOH \rightarrow (COONa)_2 + 2\,H_2O$

左ページで，塩酸と水酸化ナトリウム水溶液の中和を次のようにイオン反応式で示した．

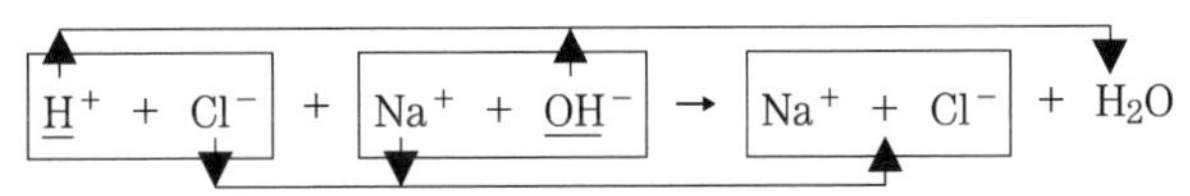

ここで，左辺の Cl^- や Na^+ は，中和後の右辺でも変化していないので，両辺から Cl^- と Na^+ を消去すると反応式は次のようになる．このように，中和は，酸の H^+ と塩基の OH^- が過不足なく反応して水ができたときに終わる．

$$H^+ + OH^- \longrightarrow H_2O$$

酸の出す H^+ の物質量は　　（酸の物質量）　×（酸の価数）
塩基の出す OH^- の物質量は　（塩基の物質量）×（塩基の価数）

で求められるから，次式の関係が成立したとき，酸と塩基はちょうど中和することになる．

（酸の物質量）×（酸の価数）＝（塩基の物質量）×（塩基の価数）

なお，中和に酸・塩基の強弱は無関係である．電離度の小さい弱酸や弱塩基の場合，水溶液中で電離している H^+ や OH^- はそのうちの一部であるが，中和が進んで H^+ や OH^- が消費されると，あらたな電離が起こり次々と中和が繰り返されるからである．

中和反応であっても，塩酸とアンモニア水の中和のように塩が生成するのみで H_2O は生成しない場合がある．

$$HCl + NH_3 \longrightarrow NH_4Cl$$

ブレンステッドの酸と塩基の定義で触れたように，NH_3 は水溶液中で H_2O から H^+ を受け取るとき OH^- ができるので，イオン反応式で表すと，次式のようになり，左辺の H_2O は，右辺で生じる H_2O と打ち消し合うためである．

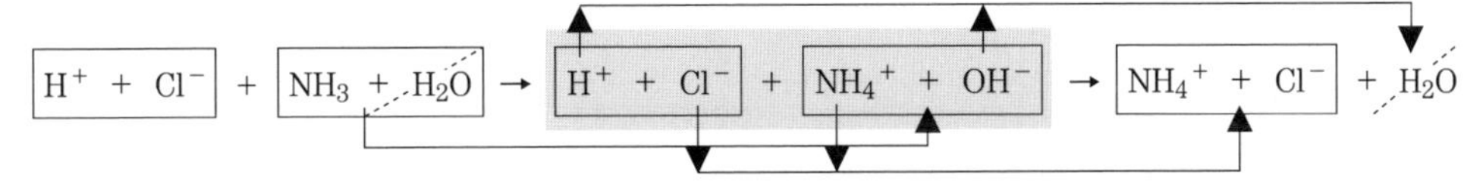

8.6　塩

酸の陰イオンと塩基の陽イオンがイオン結合してできる物質を総称して塩という．塩は酸と塩基の中和以外の反応でもできることがある．

酸と塩基の水溶液が完全に中和しても，その水溶液が必ずしも中性を示すとは限らない．強酸と強塩基の中和でできた塩の水溶液はほぼ中性を示すが，酸や塩基の強弱によって酸性や塩基性を示す場合がある．

具体例

強酸と強塩基からできた塩の水溶液は中性を示すが，強酸と弱塩基からできた塩の水溶液は酸性，弱酸と強塩基からできた塩の水溶液は塩基性を示す（弱酸と弱塩基からなる塩の水溶液の性質はそれらの電離度の大小によって異なる）．

<table>
<tr><th>もとの酸</th><th>もとの塩基</th><th>塩の水溶液の性質</th><th>塩の例</th></tr>
<tr><td rowspan="2">強酸</td><td>弱塩基</td><td>酸性</td><td>NH_4Cl
$CuSO_4$</td></tr>
<tr><td rowspan="2">強塩基</td><td>中性</td><td>$NaCl$
$CaCl_2$
Na_2SO_4</td></tr>
<tr><td>弱酸</td><td>塩基性</td><td>CH_3COONa
Na_2CO_3</td></tr>
</table>

発　展

酸と塩基が完全に中和したときにできる塩を**正塩**といい，$NaHSO_4$ などのように酸の H が残っている塩を**酸性塩**，$MgCl(OH)$ などのように塩基の OH が残っている塩を**塩基性塩**ということがあるが，これは，単に塩の組成による分類で，水溶液の酸性，塩基性とは全く無関係である．

確認問題

次の塩の水溶液は，酸性，中性，塩基性のいずれを示すか．

①　Na_3PO_4　　②　KNO_3　　③　$(NH_4)_2SO_4$

答：①　塩基性，②　中性，③　酸性

左ページで酸と塩基が完全に中和したときでも，必ずしも水溶液は中性を示すとは限らないことを述べた．その理由について考えてみよう．

【弱酸と強塩基による塩の水溶液の場合】

酢酸と水酸化ナトリウムの中和によって生成する酢酸ナトリウムの水溶液を例にしよう．

酢酸ナトリウムは水に溶かすと次のようにほぼ完全に電離する．

$$CH_3COONa \longrightarrow CH_3COO^- + Na^+$$

しかし，ここで生じた CH_3COO^- は電離度の小さい酢酸の陰イオンだから，一部は次のように水分子から H^+ を奪って，もとの酢酸分子にもどる．そのとき，水溶液中に OH^- が生じて塩基性を示すことになる．

$$CH_3COO^- + H_2O \longrightarrow CH_3COOH + OH^-$$

【強酸と弱塩基による塩の水溶液の場合】

塩酸とアンモニア水の中和よって生成する塩化アンモニウム水溶液を例にしよう．

塩化アンモニウムも水に溶かすと次のようにほぼ完全に電離する．

$$NH_4Cl \longrightarrow NH_4^+ + Cl^-$$

しかし，ここで生じた NH_4^+ は電離度の小さいアンモニアの陽イオンだから，一部は次のように水分子に H^+ を与えて，もとのアンモニア分子にもどる．そのとき，水溶液中に H_3O^+ が生じて酸性を示すことになる．

$$NH_4^+ + H_2O \longrightarrow NH_3 + H_3O^+$$

以上のように，塩の一部が水と反応してもとの弱酸や弱塩基にもどることを，塩の加水分解（hydrolysis）という．

塩は，酸と塩基の中和によってのみでなく，つぎのように，酸化物との反応や金属の酸化反応によっても生じることもある．

$$CO_2 + CaO \longrightarrow CaCO_3$$

$$Cu + Cl_2 \longrightarrow CuCl_2$$

8.7　中和反応の量的関係（中和滴定）

酸が出したH^+の物質量と，塩基が出したOH^-の物質量が等しくなったときちょうど中和になる．この量的関係を用いて，未知濃度の酸（塩基）の溶液を，既知濃度の塩基（酸）の溶液と中和させ，そのときの体積比から未知の濃度をもとめる操作を**中和滴定**（neutralization titration）という．

具体例

モル濃度 C（mol/L）の n 価の酸の水溶液 V（L）から放出されるH^+の物質量は，$n \times C\,(\mathrm{mol/L}) \times V\,(\mathrm{L}) = nCV\,(\mathrm{mol})$

モル濃度 C'（mol/L）の n'価の塩基の水溶液 V'(L) から放出されるOH^-の物質量は，$n' \times C'(\mathrm{mol/L}) \times V'(\mathrm{L}) = n'C'V'(\mathrm{mol})$

すなわち，中和点では，$nCV = n'C'V'$ の関係が成立している．

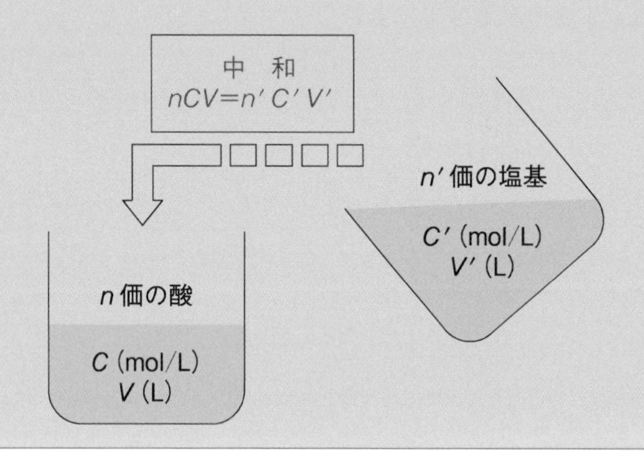

発　展

中和滴定における中和点の判定には，pH メーターを用いる方法，電気伝導度を測定する方法，pH 指示薬を用いる方法などがある．

確認問題

0.10 mol/L の硫酸水溶液 20 mL を，濃度未知の水酸化ナトリウム水溶液で滴定したところ，中和までに 50 mL を要した．この水酸化ナトリウム水溶液の濃度を求めよ．

答：0.080 mol/L

中和反応といえども化学反応であるから，酸と塩基の物質量比が中和反応式の酸と塩基の係数比と等しくなったときちょうど中和する．

たとえば，2価の酸である H_2SO_4 は，1価の塩基である NaOH と次のように中和する．

$$H_2SO_4 + 2\,NaOH \longrightarrow Na_2SO_4 + 2\,H_2O$$

いま，H_2SO_4 水溶液の濃度を C（mol/L），体積を V（L）とし，NaOH 水溶液の濃度を C'（mol/L），体積を V'（L）とすると，H_2SO_4 の物質量および NaOH の物質量は次のようになる．

$$H_2SO_4\ (\mathrm{mol}) = CV\ (\mathrm{mol}) \tag{1}$$

$$\mathrm{NaOH}\ (\mathrm{mol}) = C'V'\ (\mathrm{mol}) \tag{2}$$

中和点の H_2SO_4：NaOH の物質量比は反応式の係数比と等しく1：2であるから，つぎの(3)式の関係が成立する．

$$1:2 = CV:C'V' \tag{3}$$

$$2\,CV = C'V' \tag{4}$$

(4)式の左辺は，H_2SO_4 水溶液中の H^+ の物質量を，右辺は NaOH 水溶液中の OH^- の物質量を意味している．

滴定は，溶液の濃度と体積によって分析する操作（容量分析）であるから，使用する体積計の精度によって分析の精度が決まる．一般には，次のような精密体積計が用いられる．

① **ビュレット**：標準溶液を入れて滴定し，その所要量を測定する器具

② **メスフラスコ**：標準溶液の調製または試料溶液を一定体積に薄めるときに使用する器具

③ **ホールピペット**：一定体積の溶液をはかりとるときに用いる器具

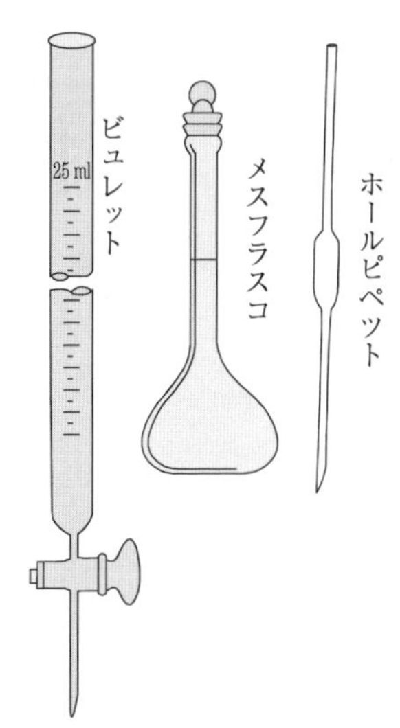

滴定に使用される精密体積計

8.8　中和滴定曲線

ビーカーに入れた酸(塩基)の水溶液に，ビュレットから塩基(酸)の水溶液を滴下していくと，ビーカー内の水溶液の pH が変化していく．滴下した水溶液の体積と，被滴定液の pH の関係を表したグラフを**中和滴定曲線**（neutralization curve）という．

滴定曲線でわかるように中和点の近くでは pH が急激に変化する．したがって，中和点付近で変色する pH 指示薬を被滴定液に加えておくと変色によって中和点を知ることができる．

具体例

0.10 mol/L の塩酸 10 cm^3 を，同じ濃度の水酸化ナトリウム水溶液で滴定したときの中和滴定曲線は下図のようになる．(A)はフェノールフタレイン(PP)の変色を，(B)はメチルオレンジ(MO)の変色を示している．

滴定量が 10 cm^3 になったところでちょうど中和する．このとき（中和点）の pH はほぼ 7 である．このように，強酸と強塩基の中和では，中和点はほぼ中性を示すが，中和点の前後で pH は急激に変化する．

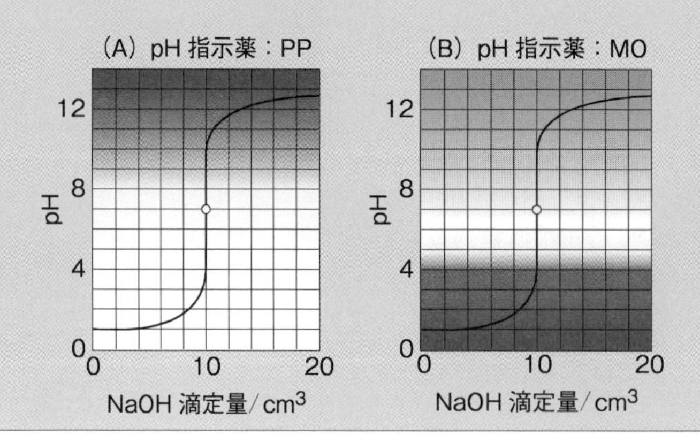

発　展

pH 指示薬の PP および MO の変色域は，いずれも中和点の pH 7 と一致していないが，中和点前後で pH が急激に変化する領域にあるので，変色するまでに要する滴定量は，中和に要する滴定量とほぼ等しくなる．

確認問題

強酸と強塩基の中和滴定でよく用いられる指示薬を答えよ．

答：メチルオレンジ，フェノールフタレイン

弱酸と強塩基による中和滴定や強酸と弱塩基による中和滴定の場合，滴定曲線はどのようになるのだろうか．一例として，0.10 mol/L 酢酸水溶液 10 cm^3 に，0.10 mol/L の水酸化ナトリウム水溶液を加えた場合の滴定曲線を下図に示した．中和点は，生じた塩の加水分解により塩基性側にある．

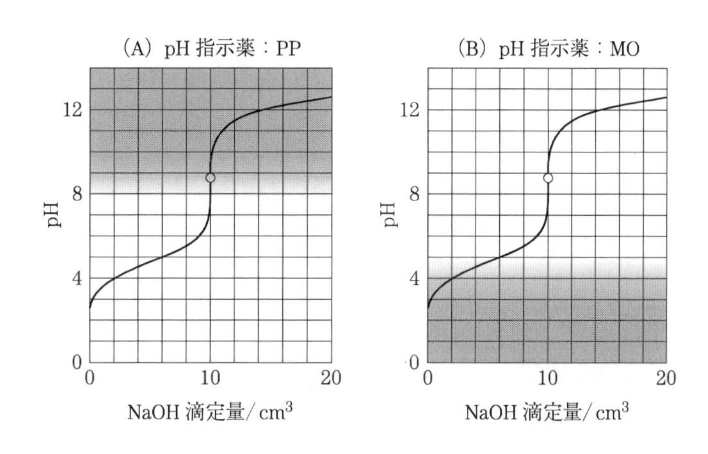

左図(A)より，この滴定における中和点の pH は，指示薬 PP の変色領域と一致していることがわかる．したがって，PP の変色までに要する NaOH 水溶液の体積を，中和に要する NaOH 水溶液の体積と考えてよい．しかし，右図(B)に示した指示薬 MO の変色領域は中和点の pH と大きく異なり，中和点に達する前に変色が終わってしまう．そのため，弱酸と強塩基による中和滴定で指示薬に MO を用いるのは不適当である．

図には示していないが，強酸と弱塩基の中和では，上の場合と反対に，生じた塩の加水分解によって中和点の pH は酸性側になるため，中和滴定で使用できる指示薬は酸性側に変色領域をもつ MO が適当ということになる．

以上のように，中和滴定で用いる指示薬は，酸と塩基の種類によって選択する必要がある．

8.9　弱酸水溶液の電離平衡

弱酸の水溶液中では，大部分が分子のままで存在し電離しているのはごく一部である．このとき弱酸を HA で表すと，溶液内では次式のように右向きの変化と左向きの変化（可逆反応，reversible reaction）が同時に起こり，[HA]と[H$^+$]，[A$^-$]がある一定の濃度を保って共存した状態になっている．

$$HA \rightleftharpoons H^+ + A^- \qquad (1)$$

この釣り合いのとれた状態を**電離平衡**（ionization equilibrium）の状態という．電離平衡にあるとき，[HA]と[H$^+$]，[A$^-$]の間には次の関係が成り立っている．このときの K は酸の**電離定数**（electrolytic dissociation constant）とよばれ，酸の種類と温度によって決まる定数である．

$$\frac{[H^+][A^+]}{[HA]} = K \qquad (2)$$

具体例

酢酸水溶液について考えてみよう．

水溶液の酢酸濃度を C（mol/L），この濃度における電離度を α とすると，電離平衡の前後の各成分濃度は次のようになる．

	CH_3COOH	$\rightleftharpoons$	H^+	+	CH_3COO^-
電離平衡前	C（mol/L）		0		0
（濃度変化）	（$-C\alpha$（mol/L））		（$+C\alpha$（mol/L））		（$+C\alpha$（mol/L））
電離平衡時	$C(1-\alpha)$（mol/L）		$C\alpha$（mol/L）		$C\alpha$（mol/L）

平衡状態におけるこれらの濃度を，(2)式に代入すると，

$$\frac{[H^+][CH_3COOH^-]}{[CH_3COOH]} = \frac{C\alpha \times C\alpha}{C(1-\alpha)} = \frac{C\alpha^2}{1-\alpha} = K \qquad (3)$$

ここで，α は非常に小さいため $1-\alpha=1$ と近似すると，(3)式は $C\alpha^2 = K$ となり，濃度 C（mol/L）における酢酸の電離度 α は(4)式で表される．

$$\alpha = \sqrt{\frac{K}{C}} \quad (\alpha > 0 \text{ より}) \qquad (4)$$

発　展

(2)式から，弱い酸ほど電離定数（K）が小さいことがわかる．また，(4)式から，同じ酢酸水溶液でも濃度によって電離度（α）が変化することがわかる．

確認問題

0.10 mol/L の酢酸水溶液の電離度 α を求めよ．ただし，25℃における酢酸の電離定数（K）は 2.8×10^{-5} mol/L とする．

答：$\alpha = 0.017$

もう少し，左ページの具体例をみてみよう．平衡時の酢酸水溶液中の $[H^+]$ は $C\alpha$ (mol/L) であるから，(4)式を代入すると次式のようになり，

$$[H^+] = C\alpha = C\sqrt{\frac{K}{C}} = \sqrt{CK}$$

$[H^+]$ を，電離度を用いないで求めることができる．以上のように，温度が一定であっても酸の濃度によって変化する電離度やそのときの $[H^+]$ を，温度が一定であれば濃度には関係しない電離定数（K）と溶かした酸の濃度（C）によって知ることができる．

弱塩基水溶液についても同様である．アンモニア水を例に考えてみよう．

アンモニア水の濃度を C (mol/L)，この濃度における電離度を α とすると，電離平衡の前後の各成分濃度は次のようになる．

	NH_3	+	H_2O	$\rightleftharpoons$	NH_4^+	+	OH^-
電離平衡前	C (mol/L)				0		0
(濃度変化)	($-C\alpha$ (mol/L))				($+C\alpha$ (mol/L))		($+C\alpha$ (mol/L))
電離平衡後	$C(1-\alpha)$ (mol/L)				$C\alpha$ (mol/L)		$C\alpha$ (mol/L)

電離平衡の状態では次の関係が成り立っている．

$$\frac{[NH_4^+][OH^-]}{[NH_3]} = \frac{C\alpha\times C\alpha}{C(1-\alpha)} = \frac{C\alpha^2}{1-\alpha} = K$$

ここで，反応式の左辺にある H_2O は，NH_3 に比べ多量にあるうえ，平衡前後での濃度変化は無視できるため $[H_2O]$ は一定とみなし，電離定数（K）の中に含めている．弱塩基で α が非常に小さければ，$1-\alpha=1$ と近似できるから，上式は $C\alpha^2=K$ となり，濃度 C (mol/L) におけるアンモニアの電離度 α および $[OH^-]$ はアンモニアの電離定数（K）を用いて次のように表すことができる．

$$\alpha = \sqrt{\frac{K}{C}}$$

（$\alpha>0$ より）

$$[OH^-] = C\alpha = C\sqrt{\frac{K}{C}} = \sqrt{CK}$$

8.10 緩 衝 液

弱酸（弱塩基）とその塩の混合溶液は，少しぐらい濃度が変化しても，また少量の酸や塩基を加えても pH はほとんど変化しない．これを**緩衝作用**といい，緩衝作用をもつ溶液を**緩衝液**（buffer solution）という．

生体内の反応のほか，多くの化学反応が pH の影響を受けるが，緩衝液は溶液の pH を一定に保つために用いられる．

具体例

酢酸と酢酸ナトリウムからなる緩衝液について考えてみよう．

酢酸水溶液中では，**8.9** で示したように，酢酸の電離定数を K とすると，(1)式で表される電離平衡が成立している．

$$K = \frac{[H^+]\cdot[CH_3COO^-]}{[CH_3COOH]} \quad (1)$$

一方，酢酸ナトリウムは，水中で(2)式のように完全に電離する

$$CH_3COONa \longrightarrow Na^+ + CH_3COO^- \quad (2)$$

両者の混合水溶液中でも(1)式は成り立っているが，(2)式で生じた多量の酢酸イオンのため，酢酸の電離が抑えられる（平衡が左に移動する）．この混合液に，少量の酸を加えても，(3)式の反応によって酸からの H^+ が消費されるため pH はほぼ一定に保たれる．

$$CH_3COO^- + H^+ \longrightarrow CH_3COOH \quad (3)$$

また，少量の塩基を加えても，(4)式の反応によって塩基からの OH^- が消費されるため pH はほぼ一定に保たれる．

$$CH_3COOH + OH^- \longrightarrow CH_3COO^- + H_2O \quad (4)$$

発　展

緩衝液の pH は，用いる弱酸（弱塩基）の電離定数，および酸と塩の濃度によって決まる．また，緩衝作用は酸（塩基）と塩のモル濃度が大きいほど，また，両者のモル濃度の比が 1 に近いほど大きく現れる．

確認問題

酢酸水溶液に酢酸ナトリウムを溶解されると，混合溶液の pH はもとの酢酸溶液の pH からどのように変わるか．

答：大きくなる

左ページの具体例で緩衝作用をもう少し定量的に見てみよう．
酢酸の濃度を C_a，酢酸ナトリウムの濃度を C_s で表し，$C_a = C_s = 0.10$ mol/L とする．また，酢酸の電離定数は，$K = 2.8\times10^{-5}$ mol/L である．

まず，酢酸溶液のみの場合と混合したときの酢酸の電離度を比較してみる．

① 酢酸溶液のみの場合

8.9 の確認問題より，電離度は，$\alpha = 0.017$

② 酢酸と酢酸ナトリウムの混合水溶液の場合

	CH_3COOH	$\rightleftarrows$	CH_3COO^-	+	H^+
平衡時の濃度	$C_a(1-\alpha)$		$C_a\alpha$		$C_a\alpha$
	CH_3COONa	$\longrightarrow$	CH_3COO^-	+	Na^+
電離時の濃度	0		C_s		C_s

$$K = 2.8\times10^{-5} = \frac{[H^+][CH_3COO^-]}{[CH_3COOH]} = \frac{C_a\alpha\times(C_a\alpha+C_s)}{C_a(1-\alpha)}$$

ここで，$1\gg\alpha$，$C_s\gg C_a\alpha$ であるから，上式右辺の，$1-\alpha=1$，$C_a\alpha+C_s=C_s$ と近似して C_a，C_s に 0.10 mol/L を代入すると，$\alpha = K/C_s = 2.8\times10^{-4}$ となり，酢酸溶液の場合よりもはるかに電離が抑えられることがわかる．

また，このときの$[H^+]$は，次式のように K と等しくなる．

$$[H^+] = \frac{[CH_3COOH]}{[CH_3COO^-]}\cdot K = \frac{C_a}{C_s}\cdot K$$

$$C_a = C_s = 0.10\ \text{mol/L より，}[H^+] = K$$

K の逆数の対数（pK）から，この緩衝液の pH は 4.55 である．

この緩衝液に，塩酸を加えると電離した H^+ は次式によって酢酸に変わる．

$$H^+ + CH_3COO^- \longrightarrow CH_3COOH$$

加えた塩酸の濃度を C_x とすると，CH_3COO^- は濃度 C_s から C_x が消費され，CH_3COOH は濃度 C_a から C_x だけ増加することになるから，このときの$[H^+]$は，

$$[H^+] = \frac{C_a+C_x}{C_s-C_x}\cdot K$$

となる．いま，加えた塩酸の濃度 $C_x = 0.001$ mol/L として，この混合液の pH を求めると，塩酸を加える前の pH からわずか 0.01 小さくなるにすぎない．

章末問題 8

【例題 1】酸・塩基の価数と強弱

次の物質のうちから下の①～④に該当するものを選び，化学式で答えよ．

アンモニア　塩化水素　硫酸　塩化ナトリウム　水酸化カルシウム
酢酸　水酸化ナトリウム　硝酸カリウム

① 1価の酸
② 2価の塩基
③ 強酸
④ 弱塩基

考え方

それぞれの物質の電離式を書いてみるとよい．
① 1 mol の物質から 1 mol の H^+ を放出するのが 1 価の酸である．
② 1 mol の物質から 2 mol の OH^- を放出するのが 2 価の塩基である．
③ 電離度の大きい酸を強酸という．塩化水素などのハロゲン化水素，硝酸，硫酸などがある．
④ 電離度の小さい塩基を弱塩基という．アンモニアのほか，アルカリ・アルカリ土類金属の水酸化物以外は弱塩基である．

答　① HCl，CH_3COOH　② $Ca(OH)_2$　③ HCl，H_2SO_4　④ NH_3

問題 1

次の物質のうちから下の①～④に該当するものを選び，化学式で答えよ．

アンモニア　硝酸　硫化水素　塩化カルシウム　水酸化カリウム
酢酸　水酸化バリウム　リン酸

① 1価の塩基　② 2価の酸　③ 強塩基　④ 弱酸

問題 2

次の物質の電離式を書け．

① アンモニア　② 硫酸　③ 水酸化バリウム　④ 硝酸

答：(問題 1) ① NH_3，KOH，② H_2S，③ KOH，$Ba(OH)_2$，④ H_2S，CH_3COOH
(問題 2) ① $NH_3 + H_2O \rightarrow NH_4^+ + OH^-$，② $H_2SO_4 \rightarrow 2\,H^+ + SO_4^{2-}$
③ $Ba(OH)_2 \rightarrow Ba^{2+} + 2\,OH^-$，④ $HNO_3 \rightarrow H^+ + NO_3^-$

【例題 2】弱酸・弱塩基の電離度

0.050 mol の酢酸を水に溶解させて 1 L にした水溶液がある．水溶液中での CH_3COOH，H^+ および CH_3COO^- のモル濃度を求めよ．ただし，このときの酢酸の電離度（α）は 0.023 とする．

考え方

溶かした酢酸の濃度を C（mol/L），電離度を α とすると次のように電離する．

	CH_3COOH	$\rightleftarrows$	H^+	+	CH_3COO^-
溶かしたとき	C（mol/L）		0		0
（濃度変化）	$(-C\alpha$（mol/L）)		$(+C\alpha$（mol/L）)		$(+C\alpha$（mol/L）)
電離したとき	$C(1-\alpha)$（mol/L）		$C\alpha$（mol/L）		$C\alpha$（mol/L）

答　$[CH_3COOH]$：$0.050\ mol/L \times (1-0.023) = 0.049\ mol/L$

$[H^+] = [CH_3COO^-]$：$0.050\ mol/L \times 0.023 = 1.2 \times 10^{-3}\ mol/L$

問題 3

0.050 mol のアンモニアを水に溶解させて 1 L にした水溶液がある．水溶液中での水酸化物イオン濃度（$[OH^-]$）および水素イオン濃度（$[H^+]$）を求めよ．ただし，このときのアンモニアの電離度（α）は 0.019，温度は 25℃とする．

答：**（問題 3）** $[OH^-] = 9.5 \times 10^{-4}\ mol/L$，$[H^+] = 1.1 \times 10^{-11}\ mol/L$

【例題 3】水のイオン積と pH

25℃で，水酸化物イオン濃度（$[OH^-]$）が 1×10^{-5} mol/L の水溶液を水で 10 倍に薄めると，pH はいくらからいくらに変化するか．

考え方

10 倍に薄めると，$[OH^-]=1 \times 10^{-6}$ mol/L になる．
水のイオン積 $K_w = [H^+]\cdot[OH^-] = 1.0 \times 10^{-14}$ mol^2/L^2 から，水素イオン濃度 $[H^+]$を求める．$[H^+]$から pH にするには，$[H^+] = a$ (mol/L) のとき pH $= -\log_{10}a$ の関係式を用いる．

答　pH 9 から pH 8 に変わる．

【例題 4】中和反応の量的関係

混合気体に含まれるアンモニアを，0.50 mol/L の硫酸水溶液 200 cm^3 に完全に吸収させ，残った硫酸を 0.70 mol/L の水酸化ナトリウム水溶液で中和滴定したら 100 cm^3 を要した．混合気体に含まれていたアンモニアは何 mol であったか．

考え方

2 価の酸である H_2SO_4 は 1 価の塩基である NH_3 や NaOH と 1 mol：2 mol の量比で中和する．もとの硫酸水溶液中にあった H_2SO_4 と未反応の H_2SO_4 の物質量の差から NH_3 の物質量を求める．

もとの硫酸水溶液中にあった H_2SO_4 の物質量は，
0.50 mol/L × 0.20 L = 0.10 mol
中和に要した NaOH の物質量は，0.70 mol/L × 0.10 L = 0.070 mol
求めるアンモニアの物質量を，x mol とすると，次の関係が成り立つ．

H_2SO_4	+	$2NH_3$	→	$(NH_4)_2SO_4$
1 mol		2 mol		
$0.5x$ mol		x mol		

H_2SO_4	+	2 NaOH	→	Na_2SO_4 + $2H_2O$
1 mol		2 mol		
0.035 mol		0.070 mol		

NH_3 と反応しないで残った H_2SO_4 は，0.070 mol × 0.5 = 0.035 mol
すなわち，(0.10−0.035) mol が，NH_3 と反応した（$0.5x$ mol に相当する）ことになる．

$0.5x$ mol = 0.065 mol　　∴　x = 0.13 mol

答　0.13 mol

問題 4

問題 3 のアンモニア水の pH を求めよ．

答：(**問題 4**) pH 11

問題 5

食酢中の酢酸含有率を調べるため次の実験を行った．実験に関する①と②の問に答えよ．

(1) 市販の食酢 25 cm^3 をホールピペットで取り，100 cm^3 のメスフラスコに移して純水を加えて定容にした（100 cm^3 の体積にした）．

(2) この液 25 cm^3 をホールピペットでコニカルビーカーに取り，pH 指示薬を加えて，ビュレットに入れた 0.100 mol/L の水酸化ナトリウム水溶液で滴定したところ，中和までに 17.8 cm^3 を要した．

① このとき，用いる pH 指示薬として適当なものはどれか．
メチルオレンジ(pH 3.1～4.4)，ブロムチモールブルー(pH 6.1～7.4)
メチルレッド（pH 4.4～6.2)，フェノールフタレイン（pH 8.3～10)
(　　)は変色領域を示す

② 市販の食酢中の CH_3COOH のモル濃度と質量パーセント濃度を求めよ．ただし，食酢の密度は 1.02 g/cm^3，CH_3COOH の分子量は 60.0 とする．

答：(**問題 5**) ① フェノールフタレイン
② モル濃度：0.71 mol/L，質量パーセント濃度：4.2 %

9 酸化と還元

私たちの身の周りでよく見る現象に「物が燃える」という現象と，「鉄や銅などの金属がさびる」という現象がある．これはどちらも酸素と反応（化合）するというものであり，酸素と化合するということから酸化と呼ばれる．この酸化を注意深くみると，空気中の酸素（O_2）が物質や金属から電子（e^-）を奪う反応であることがわかる．これとは逆に，金属の酸化物を何かと反応させて，元の金属に戻すことは還元と呼ばれる．これも注意深くみると，その酸化物が電子（e^-）を受け取ることに対応している．ここでは，この酸化と還元と電子の移動の関係を中心にして，酸化の程度（状態）を示す酸化数や酸化還元反応などについてみていくことにする．

check

化学反応とは電子の移動のことであり，酸・塩基の反応も酸化と還元も同じ原理といえる．すべて化学反応は「質量作用の法則」に基づいている．要するに電子のエネルギー準位，状態を平衡にする方向に進行しているだけである．

9.1　酸化と還元（電子の移動）

銀（Ag）が電子（e^-）を奪われると，銀イオン（Ag^+）に変わる．このように e^- を奪われること（e^- を取られること）を酸化（oxidation）という．逆に，Ag^+ が e^- を受け取ると，Ag に変わる．このように e^- を与えること（e^- を受け取ること）を還元（reduction）という．

具体例

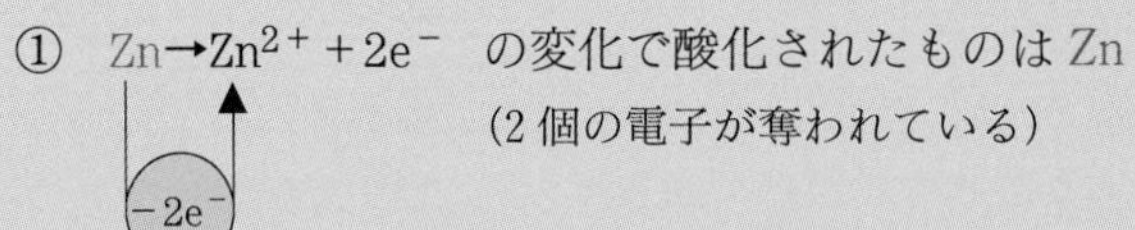

① $Zn \rightarrow Zn^{2+} + 2e^-$ の変化で酸化されたものは Zn
（2 個の電子が奪われている）

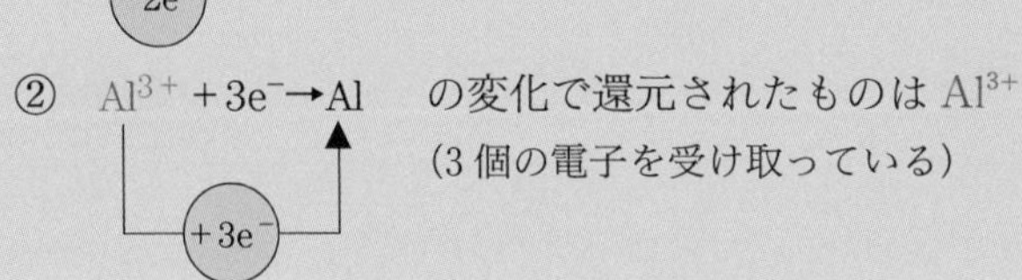

② $Al^{3+} + 3e^- \rightarrow Al$ の変化で還元されたものは Al^{3+}
（3 個の電子を受け取っている）

発　展

上の①と②の例のように反応式中に電子（e^-）が見られる場合は当然，酸化や還元が生じている．しかし反応式に e^- が見かけ上，見られない場合でも電子の授受がある場合もあるので注意する．たとえば，$2\,I^- + Br_2 \rightarrow I_2 + 2\,Br^-$ の反応において，I^- は e^- を奪われて（酸化されて）I_2 に変化し，Br_2 は e^- を受け取って（還元されて）Br^- に変化している．このような場合の酸化や還元の判断は，後で出てくる酸化数の増減によって調べることができる．

確認問題

① $Cu \rightarrow Cu^{2+} + 2\,e^-$ の変化で酸化されたものはどれか．
② $Ni^{2+} + 2\,e^- \rightarrow Ni$ の変化で還元されたものはどれか．
③ $Al \rightarrow Al^{3+} + 3\,e^-$ の変化で酸化されたものはどれか．

答：① Cu，② Ni^{2+}，③ Al

左ページの具体例には，亜鉛（Zn）が $Zn \rightarrow Zn^{2+} + 2\,e^-$ の反応によって酸化されていること，アルミニウムイオン（Al^{3+}）が $Al^{3+} + 3\,e^- \rightarrow Al$ の反応によって還元されていることが示されている．これらは電極表面で起る反応である（下図）．水溶液中に亜鉛を浸して亜鉛から電子が引き抜かれる（取られる）と，亜鉛イオン（Zn^{2+}）が水溶液中に出て行く．水溶液中にアルミニウム（Al）を浸して，水溶液中のアルミニウムイオンに電子を与えるとアルミニウムがアルミニウム板上に付着する．このように直接，電子の授受がある場合は，酸化されている物質や還元されている物質を知ることができる．

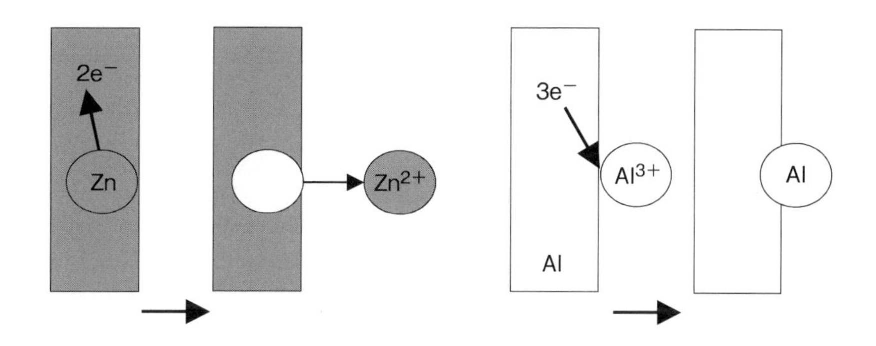

他方，見かけ上，反応式に電子が見られない酸化・還元反応も数多く存在する．左ページの発展にあるように，$2\,I^- + Br_2 \rightarrow I_2 + 2\,Br^-$ の反応も酸化と還元が生じている反応である．この場合は下図のように見ると電子の授受がわかるが，一見して電子の授受が見分けられないときの酸化や還元の判断は，後で出てくる酸化数の増減によって調べることができる．

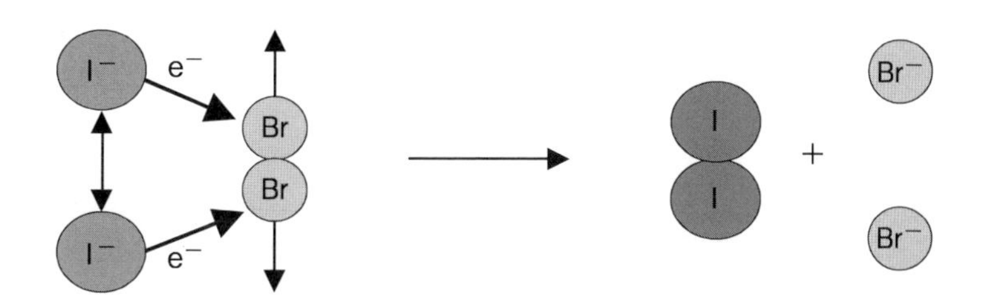

9.2　酸化と還元（酸素と水素の授受）

酸素（O_2）がある物質と化合するときには，その物質から電子を奪うので，その物質は酸化される．逆にある物質が酸素を失うときには，その物質は酸素から電子を受け取るので還元される．ある物質が水素（H_2）を失うときには，その物質は水素に電子を奪われるので，その物質は酸化される．逆に，ある物質が水素と化合するときには，その物質は電子を水素から受け取るので還元される．

具体例

① $2Cu + O_2 \rightarrow 2CuO$　の変化で酸化されたものは Cu（O と化合している）．

O

② $CuO + H_2 \rightarrow Cu + H_2O$　の変化で還元されたものは CuO（O を失っている）．

O

③ $H_2S + H_2O_2 \rightarrow S + 2H_2O$　の変化で酸化されたものは H_2S（H を失っている）．

H

④ $H_2 + Cl_2 \rightarrow 2HCl$　の変化で還元されたものは Cl_2（H と化合している）．

H

発　展

O_2 がある物質と化合するときは，その物質から電子を奪って O^{2-} として化合しやすい．

H_2 がある物質と化合するときは，その物質に電子を与えて H^+ として化合しやすい．

確認問題

次の下線をつけた原子は，酸化されたか，あるいは還元されたか．

① $2\,\underline{Cu}O + C \longrightarrow 2\,Cu + CO_2$

② $\underline{Mn}O_4^- + 5\,Fe^{2+} + 8\,H^+ \longrightarrow 5\,Fe^{3+} + Mn^{2+} + 4\,H_2O$

③ $2\,\underline{S}O_2 + O_2 \longrightarrow 2\,SO_3$

答：① 還元された，② 還元された，③ 酸化された

左ページの具体例①と④をみてみよう．①の銅（Cu）は酸素と化合し酸化銅(II)（CuO）となっている（Cu は O を受け取っている）ので Cu は酸化されている．④の Cl_2 は，H_2 と化合して（Cl_2 は H を受け取って）塩化水素（HCl）になっているので，Cl_2 は還元されている．すでに学んだように酸素は最外殻電子が 6 個であり，2 個の電子（e^-）を反応する物質から奪い，自らは閉殻構造（希ガスの Ne と同じ電子配置）をとって O^{2-} となる．また，水素は最外殻電子が 1 個であり，1 個の電子（e^-）を反応する物質に与え，自らは H^+ となる．

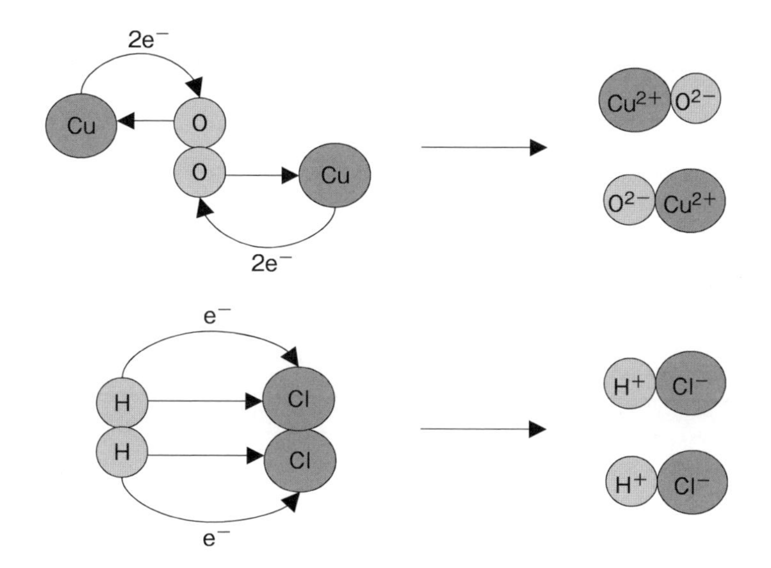

②においては CuO が O を失って Cu になっているので，Cu は還元されていることになる．つまり反応式の右辺と左辺を（→の左側と右側を）見比べてみて O を受け取っていればその物質は酸化されていることになり，O を失っていればその物質は還元されていることになる．一方，③の硫化水素（H_2S）は，H_2を失って S になっているので，H_2S は酸化されている．また，例にはあげていないが，②の H_2は O と化合し H_2O となっているので，酸化されているし，③の H_2O_2は O を 1 個失って H_2O になっているので還元されているということもわかる．

なお図中の CuO と HCl には Cu^{2+}，O^{2-}，H^+，Cl^- と表示しているが，実際には共有結合性もあるので，完全なイオンの状態にはなっていない．

9.3 酸　化　数

酸化数（oxidation number）は原子やイオンの酸化の程度を表していて，酸化数が大きいほど酸化されている状態を示す．

酸化数を決める規則：① 単体中の原子の酸化数は0，② 化合物中のHは+1，Oは−2，③ 単原子イオンの酸化数は，イオンの電荷数，④ イオンでない化合物の成分原子の酸化数の総和は0，⑤ 多原子イオンでは，成分原子の酸化数の総和はイオンの電荷数．

【例外】過酸化物（H_2O_2など）のOは−1，水素化物（NaHなど）のHは−1

具体例

① $\underline{H}_2$，$\underline{O}_2$，$\underline{N}_2$などの気体，$\underline{Cu}$，$\underline{Fe}$などの金属，$\underline{C}$などの下線の原子の酸化数は0（規則①）

② $H_2\underline{S}O_4$のSの酸化数は+6（規則②と④）

Sの酸化数をxとすると，$+1 \times 2 + x + (-2) \times 4 = 0$

③ $\underline{Fe}^{3+}$，$\underline{Cu}^{2+}$，$\underline{Ag}^{+}$，$\underline{Cl}^{-}$，$\underline{S}^{2-}$の下線原子の酸化数は順に，+3，+2，+1，−1，−2（規則③）

④ $\underline{Cr}_2O_7^{2-}$のCrの酸化数は+6（規則②と⑤）

Crの酸化数をxとすると，$2x + (-2) \times 7 = -2$

発　展

$K_2\underline{Cr}_2O_7$や$K\underline{Mn}O_4$などの塩を構成する下線の原子の酸化数を求めるときには，電離した状態を考えるとよい．

$K_2\underline{Cr}_2O_7 \longrightarrow 2\,K^+ + \underline{Cr}_2O_7^{2-}$

$K\underline{Mn}O_4 \longrightarrow K^+ + \underline{Mn}O_4^-$

確認問題

① 次の化合物のそれぞれのClの酸化数を求めよ：$K\underline{Cl}$，$Na\underline{Cl}O_4$，$K\underline{Cl}O$

② 次の化合物のそれぞれのSの酸化数を求めよ：$H_2\underline{S}O_4$，$H_2\underline{S}$，$H_2\underline{S}O_3$

③ 次の化合物のそれぞれのNの酸化数を求めよ：$H_2\underline{N}O_3$，$\underline{N}H_3$，$\underline{N}O_2$

④ 次の化合物のそれぞれのCの酸化数を求めよ：$H_2\underline{C}O_3$，$\underline{C}_2H_4$，$\underline{C}_{60}$

答：① −1，+7，+1，② +6，−2，+4，③ +4，−3，+4，④ +4，−2，0

酸化数は例外を除き，左ページの①，②，③，④，⑤の5つの規則によって求めることができるが，これらをすべて考慮した求め方を以下に紹介する．ただし，以下の方法も例外は除く．

❶ まず酸化数を求めたい原子を含む物質が塩であるかどうかをみて，塩であるなら電離した状態（イオンの状態）を考える．

❷ その原子を含む化学式の右肩をみて＋，－の表示がないなら（イオンでないなら）酸化数の合計は0とする．イオンならその符号も含めてその数値を酸化数の合計とする．

❸ その原子の酸化数を x とおいて，その物質にHがある場合はHを＋1とし，Oがある場合はOを－2とし，その化学式中に含まれる各原子の数にそれぞれの酸化数をかけて足したものが酸化数の合計になる．

❹ (❸で求めた酸化数の合計)＝(❷で知り得た酸化数の合計)より x を求める．

具体的な例として，$K_2Cr_2O_7$ の Cr と H_2SO_4 の S の酸化数について示す．

例1） $K_2Cr_2O_7$ の Cr の酸化数

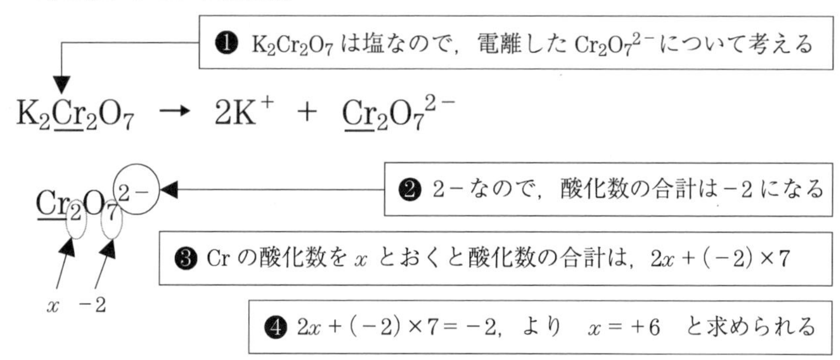

例2） H_2SO_4 の S の酸化数

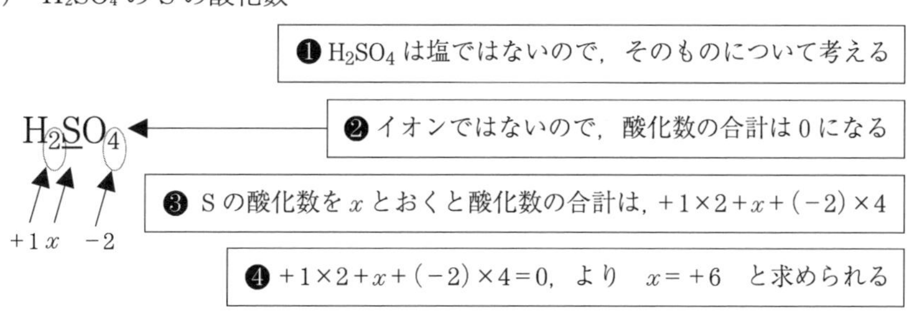

9.4　酸化数と酸化・還元（酸化還元反応）

物質が酸化されれば，酸化数は増加する．物質が還元されれば，酸化数は減少する．なお，酸化が生じるときには必ず還元も同時に生じていることがわかる．酸化と還元は必ず対になって起るので，**酸化還元反応**（redox reaction）とも呼ばれる．

具体例

MnO_4^- 中の Mn の酸化数は＋7，Mn^{2+} の酸化数は＋2 であり，酸化数は減少しているので MnO_4^- は還元されている．他方，Fe^{2+}（Fe の酸化数は＋2）は Fe^{3+}（Fe の酸化数は＋3）となって酸化されている．

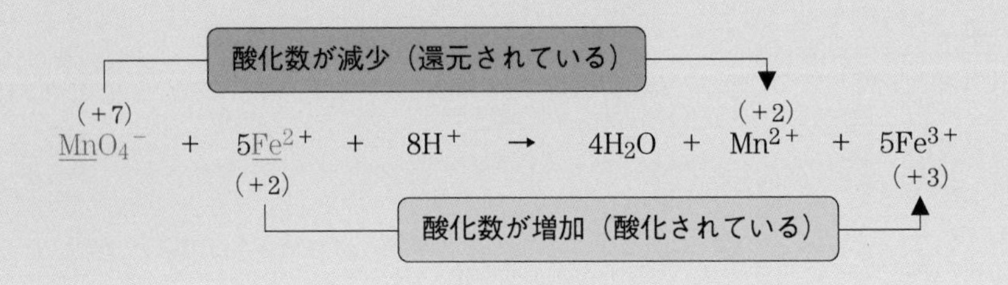

発　展

酸化数は酸化あるいは還元されている程度を表している．たとえば，以下に示すように同じ窒素化合物でもいくつもの酸化状態がある．（　）内は，酸化数を示している．

← 還元されている程度

$\underline{N}H_3$（−3）　$\underline{N}_2O$（＋1）　$\underline{N}O$（＋2）　$\underline{N}_2O_3$（＋3）　$\underline{N}O_2$（＋4）　$\underline{N}_2O_5$（＋5）

酸化されている程度 →

確認問題

次の各反応で，酸化された物質および還元された物質はどれか．酸化数を用いて判断せよ．

① $Cu + 2\,H_2SO_4 \longrightarrow CuSO_4 + SO_2 + 2\,H_2O$

② $2\,I^- + Br_2 \longrightarrow I_2 + 2\,Br^-$

③ $SO_2 + 2\,H_2S \longrightarrow 3\,S + 2\,H_2O$

④ $2\,FeCl_2 + Cl_2 \longrightarrow 2\,FeCl_3$

答：酸化された物質；① Cu，② I^-，③ H_2S，④ $FeCl_2$，還元された物質；① H_2SO_4，② Br_2，③ SO_2，④ Cl_2

酸化は物質が電子が失うことであり，還元は物質が電子を受け取ることであることはすでに述べた．酸化が起ったときに失われた電子はどこへ行くかというと，それは別の物質が受け取ることになる．その物質こそが還元される物質なのである．つまり酸化と還元は例外なく同時に起る．したがって酸化還元反応と呼ばれる．

$5e^-$

$$MnO_4^- + 5Fe^{2+} + 8H^+ \longrightarrow 4H_2O + Mn^{2+} + 5Fe^{3+}$$

左ページの具体例（上図）においては，5 つの Fe^{2+}（鉄(II)イオン）から 5 つの電子（e^-）が MnO_4^-（過マンガン酸イオン）に奪われているので（5 Fe^{2+}から MnO_4^- に 5 e^- が移動しているので），酸化されたものは Fe^{2+} であり，還元されたものは MnO_4^- である．なお，物質 1 つによって失われる，あるいは受け取る電子の数は異なる．

$Zn \rightarrow Zn^{2+} + 2e^-$ のように，直接電子が関与する酸化反応も同時に還元反応が起っていないと，その酸化反応は起らない．下図の例を見てみよう．亜鉛（Zn）上で Zn の酸化反応（$Zn \rightarrow Zn^{2+} + 2e^-$）が生じているが，一方で銅(II)イオン（$Cu^{2+}$）の還元反応（$Cu^{2+} + 2e^- \rightarrow Cu$）が生じている．$Cu^{2+}$ の還元反応が起らなければ，Zn の酸化反応は起らない．このように，直接，電子が関与する場合も酸化反応と同時に還元反応が起っている．

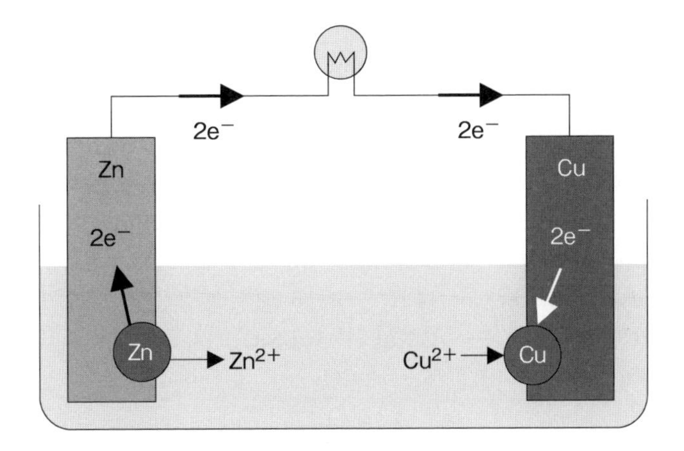

9.5　酸化剤と還元剤

相手の物質を酸化し自身は還元される物質（相手の物質から電子を奪い，自身は電子を受け取る物質）を**酸化剤**（oxidizing agent）と呼び，相手の物質を還元し自身は酸化される物質（相手の物質に電子を与え，自身は電子を奪われる物質）を**還元剤**（reducing agent）と呼ぶ．相手の物質と反応すると，酸化剤は酸化数が減少し，還元剤は酸化数が増加する．

具体例

酸化剤	電子（e^-）を奪う	還元剤	電子（e^-）を与える
Cl_2	$Cl_2 + 2e^- \rightarrow 2Cl^-$	H_2	$H_2 \rightarrow 2H^+ + 2e^-$
$KMnO_4$	$MnO_4^- + 8H^+ + 5e^- \rightarrow Mn^{2+} + 4H_2O$	Na	$Na \rightarrow Na^+ + e^-$
$K_2Cr_2O_7$	$Cr_2O_7^{2-} + 14H^+ + 6e^- \rightarrow 2Cr^{3+} + 7H_2O$	$Na_2S_2O_3$	$2S_2O_3^{2-} \rightarrow S_4O_6^{2-} + 2e^-$
H_2O_2	$H_2O_2 + 2H^+ + 2e^- \rightarrow 2H_2O$	H_2S	$H_2S \rightarrow S + 2H^+ + 2e^-$
HNO_3	$HNO_3 + H^+ + e^- \rightarrow H_2O + NO_2$	$FeSO_4$	$Fe^{2+} \rightarrow Fe^{3+} + e^-$
H_2SO_4	$H_2SO_4 + 2H^+ + 2e^- \rightarrow 2H_2O + SO_2$	$(COOH)_2$	$(COOH)_2 \rightarrow 2CO_2 + 2H^+ + 2e^-$

発　展

複数の酸化数をとる原子では，大きい酸化数を示す物質ほど酸化力（相手物質から電子を奪う能力）が強いので，酸化剤として働く場合が多い．逆に，小さい酸化数を示すほど還元力（相手物質の電子を与える能力）が強いので，還元剤として働く場合が多い．

確認問題

①と②の各反応で酸化剤はどれか．また，③と④の各反応で還元剤はどれか．

① $MnO_2 + 4HCl \longrightarrow MnCl_2 + Cl_2 + 2H_2O$

② $6Fe^{2+} + Cr_2O_7^{2-} + 14H^+ \longrightarrow 6Fe^{3+} + 2Cr^{3+} + 7H_2O$

③ $I_2 + 2Na_2S_2O_3 \longrightarrow 2NaI + Na_2S_4O_6$

④ $Bi_2O_3 + 3C \longrightarrow 2Bi + 3CO$

答：酸化剤；① MnO_2，② $Cr_2O_7^{2-}$，還元剤；③ $Na_2S_2O_3$，④ C

左ページの具体例の反応は，すべて電子（e^-）が反応式に含まれていて，**半反応**（half reaction）とも呼ばれている．酸化剤や還元剤が反応してどういった物質に変化するかがわかっていれば，その酸化剤や還元剤の半反応式を書くことができる．半反応式および酸化剤や還元剤と物質との反応式の作り方を以下に例示する．

【酸化剤の半反応（濃硝酸（HNO_3）の場合）】

❶ 濃硝酸は酸化作用をすると（相手物質から電子を奪うと），NO_3^- から NO_2 に変化する．

$$NO_3^- \longrightarrow NO_2$$

❷ 右辺と左辺（矢印の右側と左側）で酸素原子数を等しくするために右辺に H_2O を加える．

$$NO_3^- \longrightarrow NO_2 + H_2O$$

❸ 右辺と左辺で水素原子数を等しくするために左辺に $2\,H^+$を加える．

$$NO_3^- + 2\,H^+ \longrightarrow NO_2 + H_2O$$

❹ 両辺の電荷数（＋ と － の数）を等しくするために左辺に e^-を加える．

$$NO_3^- + 2\,H^+ + e^- \longrightarrow NO_2 + H_2O$$

【酸化剤による物質の酸化反応（濃硝酸による銅の酸化の場合）】

❶ 銅は酸化されると（電子を奪われると）銅(II)イオンになる．

$$Cu \longrightarrow Cu^{2+} + 2\,e^- \qquad (1)$$

❷ 濃硝酸の半反応は先に記したとおりである．

$$NO_3^- + 2\,H^+ + e^- \longrightarrow NO_2 + H_2O \qquad (2)$$

❸ 濃硝酸は1個（1 mol）につき1個（1 mol）の電子を奪い，1個（1 mol）の Cu は電子を2個（2 mol）奪われて Cu^{2+}になるので，(1)式＋2×(2)式により電子を消去して反応式（(3)式）を得る．

$$Cu + 2\,NO_3^- + 4\,H^+ \longrightarrow Cu^{2+} + 2\,NO_2 + 2\,H_2O \qquad (3)$$

9.6　酸化還元反応の量的関係（酸化還元滴定）

酸化還元反応といえども，化学反応の一種であるから量的関係も同様であるが，酸化還元反応においては明瞭な色調変化が生じる場合があるので定量分析（**酸化還元滴定（redox titration）**）に利用することができる．

具体例

過マンガン酸カリウム（$KMnO_4$）は水溶液中で電離して，過マンガン酸イオン（MnO_4^-）を生じる．この MnO_4^- は紫色を呈しているが，相手物質を酸化して無色のマンガンイオン（Mn^{2+}）に変わる．したがって，紫色-無色の色調変化により，反応する相手物質が完全に消費されたかどうかを知ることができる．

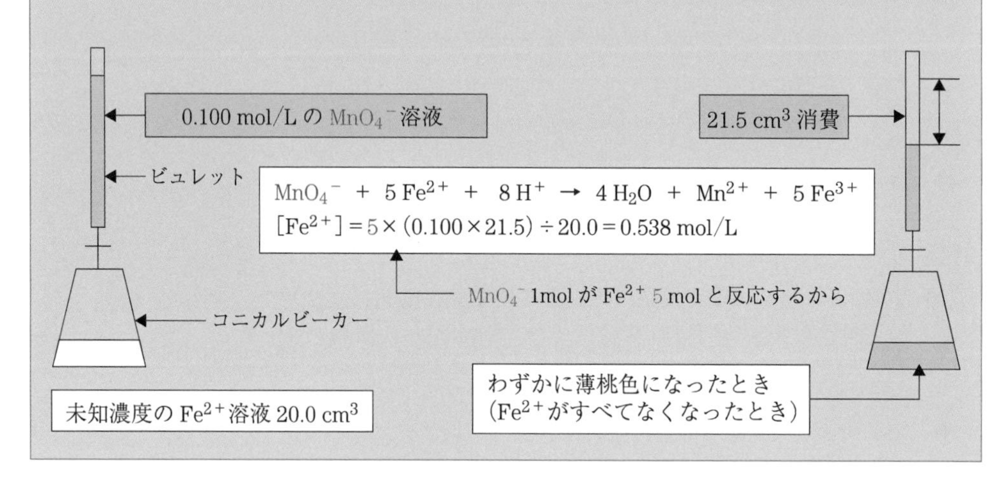

発　展

過マンガン酸イオン以外にどういった物質が酸化還元的定に用いられているか調べてみよう．

確認問題

硫酸酸性のシュウ酸（$(COOH)_2$）水溶液に二クロム酸カリウム（$K_2Cr_2O_7$）水溶液を加えると，以下のような酸化還元反応式によって反応する．

$K_2Cr_2O_7 + 4H_2SO_4 + 3(COOH)_2 \longrightarrow Cr_2(SO_4)_3 + K_2SO_4 + 7H_2O + 6CO_2$

いま，0.10 mol/L のシュウ酸水溶液 30 cm³ 中のシュウ酸を酸化するには，0.050 mol/L の二クロム酸カリウム水溶液が何 cm³ 必要か．

答：20 cm³

左ページの具体例をみてみよう．酸化還元反応の量的関係もこれまでにみてきた量的関係と何ら変わりがない．すでに学んだように，モル濃度は 1 L の溶液中に溶質が何 mol 溶解しているかを表している．したがって，0.100 mol/L の MnO_4^- 水溶液 1 L（= 1000 cm^3）中には 0.100 mol の MnO_4^- が含まれている．言い換えると，1 cm^3 中には（0.10 ÷ 1000）mol の MnO_4^- が含まれている．濃度未知の Fe^{2+} 水溶液にこの 0.100 mol/L の MnO_4^- 水溶液を加えたところ，Fe^{2+} を完全に反応させるのに 21.5 cm^3 を要したのだから，要した MnO_4^- は

$$21.5 \times (0.100 \div 1000)\ \text{mol}$$

他方，反応式

$$MnO_4^- + 5\,Fe^{2+} + 8\,H^+ \longrightarrow 4\,H_2O + Mn^{2+} + 5\,Fe^{3+}$$

より，MnO_4^- が 1 個（1 mol）と Fe^{2+} が 5 個（5 mol）反応するから，Fe^{2+} は

$$5 \times 21.5 \times (0.100 \div 1000)\ \text{mol}$$

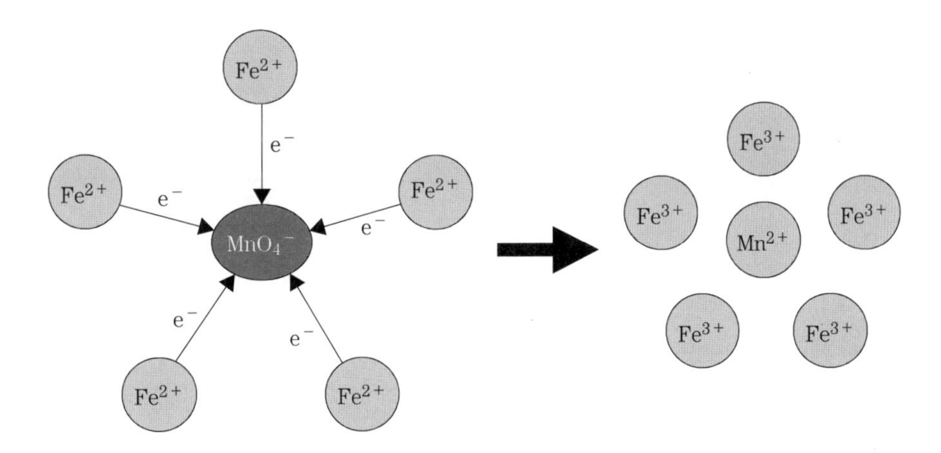

Fe^{2+} のモル濃度（$[Fe^{2+}]$）は，濃度未知の Fe^{2+} 水溶液の容積が 20.0 cm^3（= 20.0 ÷ 1000 L）であったのだから，

$$[Fe^{2+}] = \{5 \times 21.5 \times (0.10 \div 1000)\} \div (20.0 \div 1000)$$
$$= 5 \times (0.10 \times 21.5) \div 20.0 = 0.538\ \text{mol/L}$$

章末問題 9

【例題 1】酸化と還元（電子の移動，酸素と水素の授受）

次の各反応において酸化されている物質はどれか．また，還元されている物質はどれか．

① $2H_2O + 2e^- \longrightarrow H_2 + 2OH^-$

② $Fe^{2+} \longrightarrow Fe^{3+} + e^-$

③ $S + O_2 \longrightarrow SO_2$

④ $2H_2S + SO_2 \longrightarrow 2H_2O + 3S$

考え方

① 電子（e^-）と 1 つの物質（それがイオンでも分子でも何であろうと）が反応する場合，その物質が還元されている．また，1 つの物質が別の 1 つの物質と電子になるとき，その物質は酸化されている．

② 反応前と反応後を見比べて（→の右側と左側を見比べて）O と化合している物質は酸化されていて，O を失っている物質は還元されている．また H と化合している物質は還元されていて，H を失っている物質は酸化されている．

答

① H_2O ただ 1 つが，e^- と反応しているので H_2O は還元されている．

② 1 つの物質（Fe^{2+}）が別の 1 つの物質（Fe^{3+}）と e^- になっているので，Fe^{2+} は酸化されている．

③ S は O と化合しているので，S が酸化されている．

④ H_2S は H を失っているので，酸化されている．また，SO_2 は O を失っているので，還元されている．

問題 1

以下の反応の中で酸化されている物質はどれか．また，還元されている物質はどれか．

① $I_2 + 2e^- \longrightarrow 2I^-$　② $Fe(CN)_6{}^{3-} + e^- \longrightarrow Fe(CN)_6{}^{4-}$

③ $CuO + H_2 \longrightarrow Cu + H_2O$　④ $CH_4 + 2O_2 \longrightarrow CO_2 + 2H_2O$

問題 2

以下の反応の中で酸化されている物質はどれか．また，還元されている物質はどれか．

① $2H_2O_2 \longrightarrow 2H_2O + O_2$　② $C_2H_4 + H_2 \longrightarrow C_2H_6$

③ $2H^+ + 2e^- \longrightarrow H_2$　④ $C_3H_8 + 5O_2 \longrightarrow 3CO_2 + 4H_2O$

答：**（問題 1）** 還元されている物質；I_2，$Fe(CN)_6{}^{3-}$，CuO，O_2，酸化されている物質；H_2，CH_4
（問題 2） 還元されている物質；H_2O_2，C_2H_4，H^+，酸化されている物質；C_3H_8

【例題 2】酸化数，酸化と還元（酸化還元反応）

次の各反応において下線を引いてある原子の酸化数を求め，酸化されているか，還元されているかを判断せよ．

$$K\underline{I}O_3 + 5\,K\underline{I} + 3\,H_2SO_4 \rightarrow 3\,K_2SO_4 + 3\,H_2O + 3\,\underline{I}_2$$

考え方

① 酸化数の求め方は，すでに **9.3** で詳しく述べたとおりである．
② ある物質が酸化あるいは還元されているかどうかの判断が電子，酸素，水素の授受ではできない場合は，酸化数の増減で知ることができる．物質の構成原子の酸化数が反応前後で（→の右と左側で）増えている場合は，その物質は酸化されており，減っている場合はその物質は還元されている．
③ 酸化剤は反応する物質から電子を奪うので，酸化剤自身は還元される．逆に，還元剤は反応する物質に電子を与えるので，還元剤自身は酸化される．

答

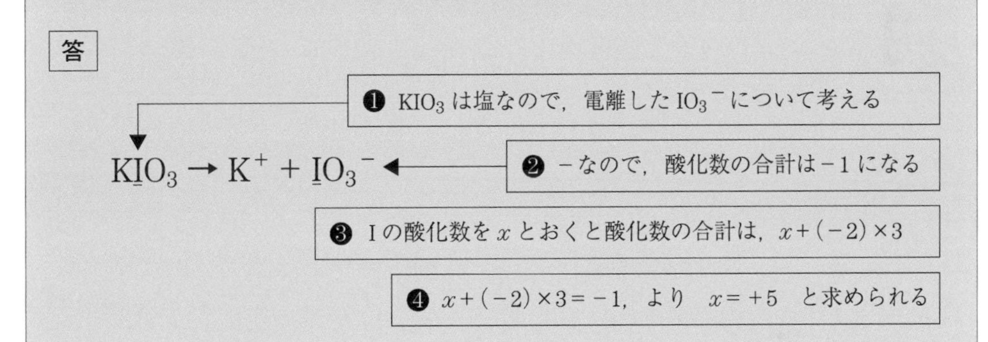

$\underline{I}_2$ の I の酸化数は 0 であり，$K\underline{I}$ の I の酸化数は −1 であることはすぐわかる．よって，$K\underline{I}O_3 \Rightarrow \underline{I}_2$（酸化数 ⇒ +5 → 0）になっているので，$K\underline{I}O_3$ は還元されている．また，$K\underline{I} \Rightarrow \underline{I}_2$（酸化数 ⇒ −1 → 0）になっているので，$K\underline{I}$ は酸化されている．このように同じ原子であっても，物質が異なれば異なる酸化数を持つことがあり，同じ反応において酸化される場合と還元される場合があるので注意する．

問題 3

以下の反応の中で酸化されている物質はどれか．また，還元されている物質はどれか．下線をつけた原子の酸化数より判断せよ．また，酸化剤として働いている物質と還元剤として働いている物質はどれか．

① $\underline{Cl}_2 + H_2O \longrightarrow H\underline{Cl} + H\underline{Cl}O$

② $\underline{S}O_2 + Cl_2 + 2\,H_2O \longrightarrow 2\,H_2\underline{S}O_4 + 2\,HCl$

答：**（問題 3）** ① Cl の酸化数は，$\underline{Cl}_2$ が 0，$H\underline{Cl}$ が −1，$H\underline{Cl}O$ が +1 である．よって，$\underline{Cl}_2$ は酸化されているし，還元もされていて，$\underline{Cl}_2$ 自身，還元剤としても酸化剤としても働いている．② S の酸化数は，$\underline{S}O_2$ が +4，$H_2\underline{S}O_4$ が +6 である．よって，$\underline{S}O_2$ は酸化されていて，還元剤として働いている．

【例題 3】酸化還元反応の量的関係（酸化還元滴定）

塩素水中の塩素（Cl_2）の定量をヨウ素滴定法により行った．正確に計り取った塩素水 20.0 cm^3 をヨウ化カリウム（KI）水溶液に加えるとヨウ素（I_2）が生成する．その I_2 をモル濃度が 0.0500 mol/L のチオ硫酸ナトリウム水溶液で滴定したところ，平均して 8.4 cm^3 を要した．塩素は，何 g 含まれていたか．なお，反応式は次のとおりである．

$$2\,KI + Cl_2 \longrightarrow 2\,KCl + I_2$$

$$I_2 + 2\,Na_2S_2O_3 \longrightarrow 2\,NaI + Na_2S_4O_6$$

考え方

これまでに学んだ反応式の量的関係や物質量（mol）の考え方で，この問題は解くことができる．量が求めたい物質と反応させる物質の物質量は反応式中の各化学式の係数によって知ることができる．

答　下図に示したような量的関係から，0.0298 g と求められる．

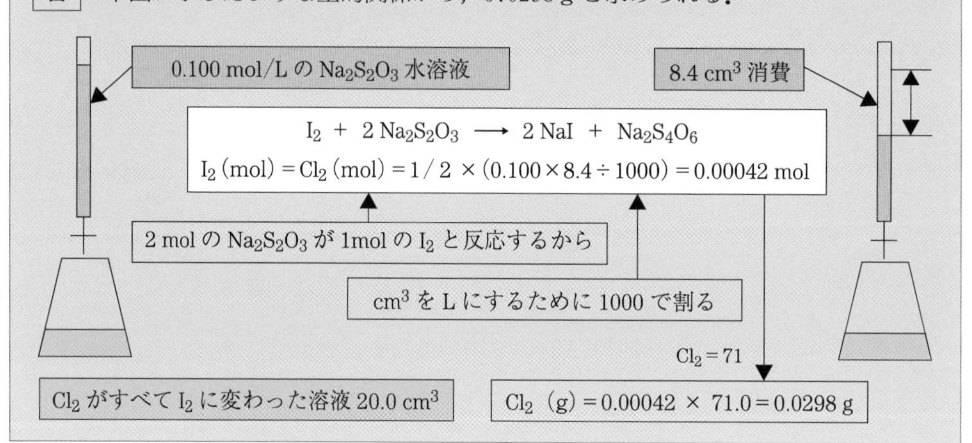

問題 4

傷口の消毒薬のオキシフルの薬効成分は過酸化水素（H_2O_2）である．このオキシフル中の H_2O_2 濃度を調べるために，オキシフル 10.0 cm^3 を正確にコニカルビーカーに取って，0.200 mol/L の $KMnO_4$ 水溶液で滴定した．5 回滴定を行った結果，平均 18.4 cm^3 要した．オキシフルの H_2O_2 の濃度（$[H_2O_2]$）はいくらか．ただし，滴定の反応は次のとおりである．

$$5\,H_2O_2 + 2\,MnO_4^- + 6\,H^+ \longrightarrow 5\,O_2 + 2\,Mn^{2+} + 8\,H_2O$$

答：**（問題 4）** 0.200 mol/L の $KMnO_4$ 水溶液には，1000 cm^3 中に MnO_4^- が 0.200 mol 含まれている．18.4 cm^3 要したので，MnO_4^-(mol) = 0.200 × 18.4 ÷ 1000．反応式から 2 mol の MnO_4^- と 5 mol の H_2O_2 が反応するので，H_2O_2(mol) = 5/2 MnO_4^-(mol) = 5/2(0.200 × 18.4 ÷ 1000)．
よって，$[H_2O_2]$ = H_2O_2(mol)/(10 ÷ 1000) = 0.920 mol/L．

10 酸化還元と電気

酸化や還元が起るときには必ず電子の授受があることを，これまでにみてきた．言い換えると，酸化や還元の半反応には必ず電子が関与する．もし酸化反応と還元反応を 2 本の電極上で行わせることによって，電子を外部に電流という形で取り出すことができたならば，それは電池と呼ばれる．逆に，溶液中に電極を浸して外部から電流を与えることによって，異なる 2 本の電極上でそれぞれ酸化反応と還元反応を行うことができたならば，それは電気分解と呼ばれる．電池と電気分解は表裏一体の関係にあるが，それらの各電極上で起っているのは酸化あるいは還元反応であるから，それらの反応に伴う物質の物質量の増減はこれまでの化学反応式の量的関係と同じである．ただし，それらの反応には電子が関与しており，電子の物質量は電気量や電流によって知ることができる．この電気量や電子と物質量の増減に関わる法則がファラデーの法則である．ここでは，電池や電気分解の実際とそれらにおけるファラデーの法則についてみていくことにする．

10.1　金属のイオン化傾向（金属イオンと金属との反応）

金属が電子（e^-）を失って陽イオンになろうとする性質を**イオン化傾向**（ionization tendency）という．その順序は，次のとおりである．

K＞Ca＞Na＞Mg＞Al＞Zn＞Fe＞Ni＞Sn＞Pb＞(H_2)＞Cu＞Hg＞Ag＞Pt＞Au

① イオン化傾向が大きい金属ほど電子を失いやすく，強い還元剤として働く．

② イオン化傾向の小さい金属のイオンは電子を奪いやすく，強い酸化剤として働く．このイオン化傾向によると，硫酸銅(II)水溶液に亜鉛（Zn）棒を浸すと，銅（Cu）が亜鉛棒表面に析出することも理解できる（イオン化傾向がZn＞Cuであるため）．

具体例

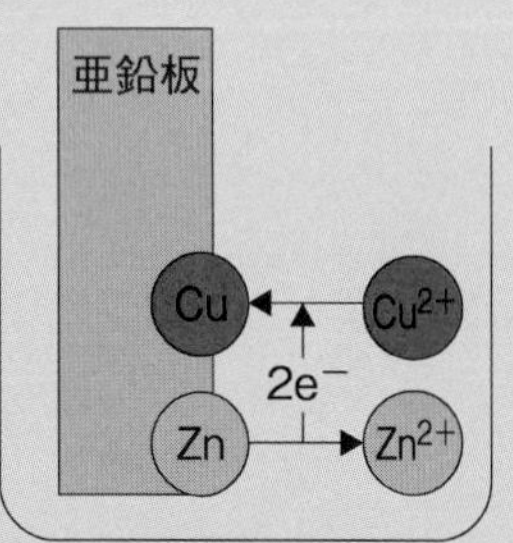

イオン化傾向：Zn＞Cu

① ZnがCuより e^- を失いやすい

② Cu^{2+} が Zn^{2+} より e^- を奪いやすい

↓

$$Zn + Cu^{2+} \rightarrow Cu + Zn^{2+}$$

起こりうる反応例

$Cu + 2Ag^+ \longrightarrow 2Ag + Cu^{2+}$

$Zn + 2H^+ \longrightarrow H_2 + Zn^{2+}$

$Fe + Cu^{2+} \longrightarrow Cu + Fe^{2+}$

起こりえない反応例

$Cu + Mg^{2+} \not\longrightarrow Mg + Cu^{2+}$

$2Ag + 2H^+ \not\longrightarrow H_2 + 2Ag^+$

$Cu + Fe^{2+} \not\longrightarrow Fe + Cu^{2+}$

発　展

イオン化傾向にある水素（H_2）は金属ではないが，H_2 と H^+ として同様に考える．イオン化傾向は理論的なものであり，水溶液中では

Na＞Mg＞Al＞Zn＞Fe＞Pb＞H_2＞Cu＞Ag＞Au

程度にすべきであることが提案されている．

確認問題

① 硫酸銅(II)水溶液に鉄片（Fe）を浸したときの反応式を記せ．

② ①の変化から判断すると，銅と鉄はどちらが強い還元剤か．

答：① $Fe + Cu^{2+} \rightarrow Cu + Fe^{2}$，② 鉄

イオン化傾向（**イオン化列**ということもある）は，実験ではなく理論的に求められた標準電極電位（standard electrode potential）というものを物差しにして並べたものである．この標準電極電位の値は，理論的にイオンになりやすい金属は小さく，イオンになりにくい金属は大きくなる．以下に亜鉛（Zn），鉄（Fe），銅（Cu）について図説したい．2個の電子（$2\,e^-$）を水に例え，Zn，Fe，Cuをそれぞれ容器に水が入っている状態とし，水が入っていない状態をZn^{2+}，Fe^{2+}，Cu^{2+}としよう．イオン化傾向は，Zn＞Fe＞Cuであり，イオン化傾向の大きいものを上の方に書くと下図の(a)のように表現することができる．次に下図の(b)は水溶液中にZnとFe^{2+}が存在する場合である．ZnとFe^{2+}の容器をホースでつなぐと，水はFe^{2+}の容器に移れることがわかる．その結果，Znは水を失って空っぽの容器であるZn^{2+}に変わり（$Zn \rightarrow Zn^{2+} + 2\,e^-$：酸化反応），一方，$Fe^{2+}$の容器は水で満たされるのでFeの容器に変わる（$Fe^{2+} + 2\,e^- \rightarrow Fe$：還元反応）．これらの酸化反応と還元反応をまとめて，$Zn + Fe^{2+} \rightarrow Zn^{2+} + Fe$となる酸化還元反応になることがわかる．(c)は，$Zn + Cu^{2+} \rightarrow Zn^{2+} + Cu$の例であるが，これも同様に考えることができる．なお，図から明らかなように，それぞれのイオンどうしの反応は容器に水がないのだから起こりえないこと，Cuの水がZn^{2+}やFe^{2+}の容器には移れないこと，Feの容器の水がZn^{2+}の容器には移れないことからそれらは反応しないことがわかる．

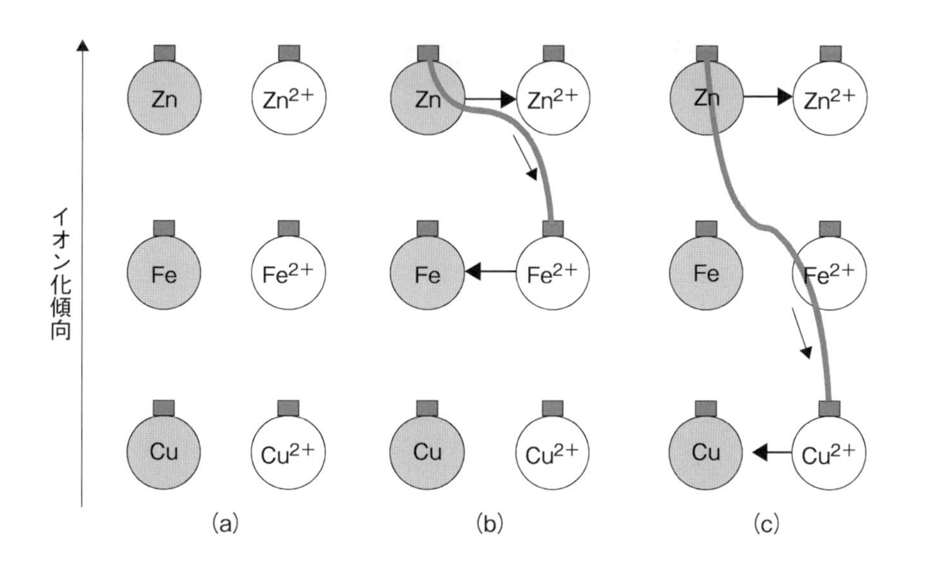

10.2　金属のイオン化傾向（水，酸，酸素との反応）

金属のいろいろな物質との反応性は，イオン化傾向に強く関係している．

① イオン化傾向が極めて大きい（還元力の強い）K，Ca，Na などは，室温でも水と反応して水素を発生する．

② H_2 よりイオン化傾向の大きい金属は，酸と反応して水素を発生する．

③ イオン化傾向の大きい金属ほど，酸素によって酸化されやすい．

④ H_2 よりイオン化傾向の小さい Cu，Ag，Hg は，硝酸や熱硫酸などの酸化力の強い酸と反応して溶解する．

具体例

<table>
<tr><td>イオン化傾向</td><td colspan="7">大 → 小</td></tr>
<tr><td>金　属</td><td>K Na Ca</td><td>Mg</td><td>Al Zn Fe</td><td>Ni Sn Pb</td><td>Cu</td><td>Hg Ag</td><td>Pt Au</td></tr>
<tr><td rowspan="4">H_2 発生反応</td><td>冷水と反応</td><td></td><td></td><td></td><td></td><td></td><td></td></tr>
<tr><td colspan="2">熱水と反応</td><td></td><td></td><td></td><td></td><td></td></tr>
<tr><td colspan="3">高温水蒸気と反応</td><td></td><td></td><td></td><td></td></tr>
<tr><td colspan="4">塩酸・希硫酸などと反応</td><td></td><td></td><td></td></tr>
<tr><td rowspan="2">酸化性酸との反応</td><td colspan="6">酸化力の強い硝酸・熱濃硫酸と反応</td><td></td></tr>
<tr><td colspan="7">王水と反応</td></tr>
<tr><td>O_2 との反応</td><td>内部酸化</td><td colspan="4">表面に酸化物皮膜が形成</td><td colspan="2">酸化されにくい</td></tr>
</table>

発　展

イオン化傾向は実験ではなく理論的に求めたものである．したがって実際の反応性とは異なったり，反応性の違いが認められなかったりすることがある．たとえば，イオン化傾向では，Ca>K>Na となっているが，この 3 種の水との反応の激しさの違いなどはほとんど認められない．

確認問題

① Al と高温水蒸気（H_2O）との反応を書け．

② K と酸素（O_2）との反応を書け．

答：① $2\,Al + 6\,H_2O \rightarrow 2\,Al(OH)_3 + 3\,H_2$，② $4\,K + O_2 \rightarrow 2\,K_2O$

左ページの反応の具体例は，イオン化傾向の大きい金属ほど還元性が高く（反応する相手物質に電子を与えやすく）反応性も高いことを示している．これを標準電極電位を使って説明してみる．標準電極電位は水素イオンの反応（$2\,H^+ + 2\,e^- \rightarrow H_2$）を 0 V に決め，相対的に求めたものである．左ページの反応に関係するいくつかの物質の標準電極電位を以下に示す．

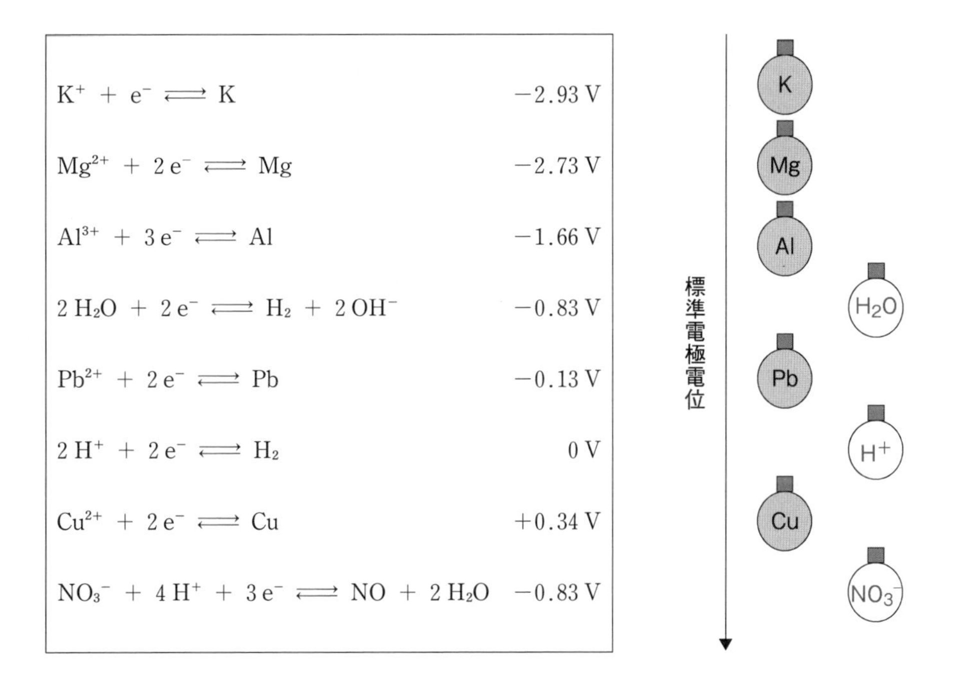

反応	標準電極電位
$K^+ + e^- \rightleftarrows K$	−2.93 V
$Mg^{2+} + 2\,e^- \rightleftarrows Mg$	−2.73 V
$Al^{3+} + 3\,e^- \rightleftarrows Al$	−1.66 V
$2\,H_2O + 2\,e^- \rightleftarrows H_2 + 2\,OH^-$	−0.83 V
$Pb^{2+} + 2\,e^- \rightleftarrows Pb$	−0.13 V
$2\,H^+ + 2\,e^- \rightleftarrows H_2$	0 V
$Cu^{2+} + 2\,e^- \rightleftarrows Cu$	+0.34 V
$NO_3^- + 4\,H^+ + 3\,e^- \rightleftarrows NO + 2\,H_2O$	−0.83 V

10.1 と同じように考えると，K，Mg，Al の容器の水は空っぽの H_2O の容器に移すことができるが，Pb の容器の水は移すことができない．よって，K，Mg，Al は水と反応するが，Pb とは反応しない．しかし，Pb の容器の水は H^+ の容器には移すことができるので，Pb は酸性溶液中で（つまり H^+ と）反応する．同じように考えて，Cu は H^+ とは反応しないが，硝酸（NO_3^-）とは反応する．なお，標準電極電位は反応が起るかどうかを判断するには役立つが，その反応の速度が速いかどうかについてはまったく情報を与えてくれないことには注意を要する．

10.3　電　池（原理としくみ）

酸化還元反応によって生じる化学エネルギーを，電気エネルギーとして取り出す装置を電池（cell）と呼ぶ．放電時（電気エネルギーを取り出しているとき）に，酸化反応が生じている電極が**負極**（negative electrode），還元反応が生じている電極が**正極**（positive electrode）となる．電流が流れていないときの正極-負極間の電位差を，電池の**起電力**（electromotive force）という．負極が M_1，正極が M_2 の電池は以下のように表記される．なお，塩橋や素焼き板などの何らかの仕切りがあるときは｜で示す．

（−）M_1｜電解質溶液｜M_2（＋）

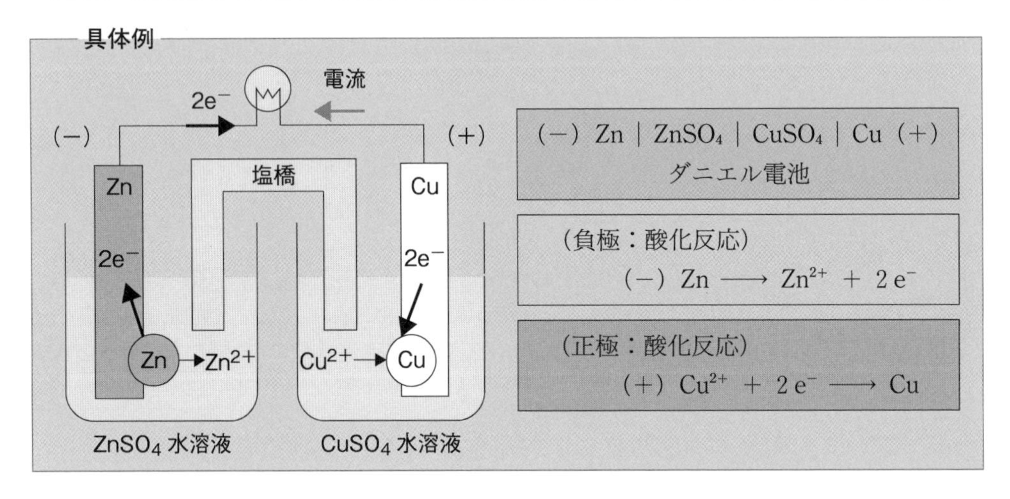

発　展

具体例は，ダニエル電池と呼ばれるものである．負極では Zn が Zn^{2+} になって溶出し，このときの電子が導線を通って正極に達する．正極に達したこの電子は，溶液中の Cu^{2+} に電子を与えて Cu^{2+} が Cu となって正極表面に付着する．なお，塩橋はイオンは通過させるが，左右の溶液が混合するのを防ぐ役割を果たす．

確認問題

硫酸銅(II)水溶液に銅板を浸したものと，硝酸銀水溶液に銀板を浸したものを塩橋で連絡させて電池を形成させたとき，浸している銅板と銀板のどちらが正極になり，どちらが負極になるか．

答：（正極）銀板，（負極）銅板

左ページの反応の具体例であるダニエル電池とともに，高等学校や高等専門学校によく紹介される電池としてボルタの電池がある．しかしながら，このボルタの電池はそれらの教科書の説明と実際とでは異なるので注意を要する．ボルタ電池を実際に化学実験で行おうとすると教科書の説明にはない現象や不可解なことがある．以下にそれを説明する．

ボルタ電池とは，下図に示すように電解質溶液に希硫酸を用い，負極に亜鉛を，正極に銅を用いたものである．標準電極電位からわかるように，Zn が酸化されて Zn^{2+} となる反応と H^+ が還元されて H_2 になる反応が起こるはずであるから電池の起電力はほぼ 0.76 V になると予想される．しかし，現実には最初 1.1 V の起電力で，次第に起電力は小さくなる．これは表面上に存在する酸化銅の反応などによる．また亜鉛電極上では，Zn が酸化されて Zn^{2+} になる反応だけではなく，実際には Zn が H^+ を還元して H_2 が発生する反応も生じる．このようにボルタ電池はいろいろな複雑な要素が関わっている上，分極や減極剤について記述されている教科書もあるが，そのほとんどの説明は適確でなかったり間違っていたりする．したがって，ボルタ電池を正確に理解するためには，さらに多くのことを知る必要がある．

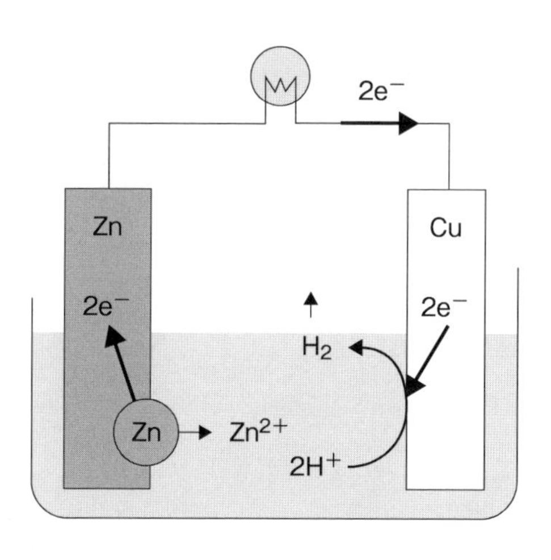

(−) Zn | H_2SO_4 | Cu (+)
ボルタ電池

$Zn^{2+} + 2e^-$	$\rightleftarrows$	Zn	−0.76 V
$2H^+ + 2e^-$	$\rightleftarrows$	H_2	0 V
$Cu^{2+} + 2e^-$	$\rightleftarrows$	Cu	+0.34 V

10.4　電　池（実用電池）

酸化されたり還元されたりする物質はいくつもあり，それらの組み合わせで多種多様な電池を組むことができる．現在，実用化されている電池には，いったん完全に放電させるともう充電できない**一次電池**（primary battery）と，放電－充電を繰り返して使用できる**二次電池**（secondary battery）がある．市販されているおなじみのマンガン電池（乾電池）は一次電池であり，二次電池で代表的なものには鉛蓄電池などがある．

具体例

代表的な二次電池

二次電池	正極（充電状態）	電解液	負極（充電状態）	起電力	用途
リチウムイオン電池	$Li_{1-x}CoO_x$	Li^+含む有機溶媒	C_6Li_x	3.7[V]	モバイル機器，電気自動車電源など
鉛蓄電池	PbO_2	H_2SO_4水溶液	Pb	2.1[V]	自動車電源など
ニッケル水素電池	NiOOH	KOH 水溶液	水素吸蔵合金	1.2[V]	エネルギー貯蔵装置も含め汎用
ナトリウム硫黄電池	S	β-アルミナ（Na^+の移動）	Na	2.1[V]	電力貯蔵用など

発　展

現在，実用化されている各種電池について，構造，正極反応，負極反応，起電力，用途などについて調べてみよう．また近年，話題になっている燃料電池についても同様に調べてみよう．

確認問題

リチウムイオン電池は，自己放電が少なく起電力が高いといった利点があるため，携帯電話などの小型電子機器の電源として近年，爆発的に普及した．また，その開発に多大な貢献をされた吉野彰先生がノーベル化学賞を受賞されたことでも注目されている．この電池の充電反応は以下の通りである．

正極：$LiCoO_2 \rightarrow Li_{1-x}CoO_2 + xLi^+ + xe^-$

負極：$C_6 + xLi^+ + xe^- \rightarrow C_6Li_x$

いま，負極の質量が 360.0［g］のリチウムイオン電池を完全に充電した結果，負極の質量が 363.5［g］となった．この場合，x の値はいくらになるか．ただし，Li の原子量は 7.0 とする．

答：28.8 g

左ページの反応の具体例である一次電池は，なぜ充電できないのだろうか．それは二次電池の反応を眺めて比較すると納得できる．二次電池として鉛蓄電池を例にとって説明する．この正極および負極で起こる反応はどちらも生成物質が電極上に付着する．水 (H_2O)，硫酸イオン（SO_4^{2-}），水素イオン（H^+）は電解質溶液中や電極の近くにも豊富に存在するので，放電時の両極の反応も，その逆反応（充電時の反応）も可逆的に起こる．

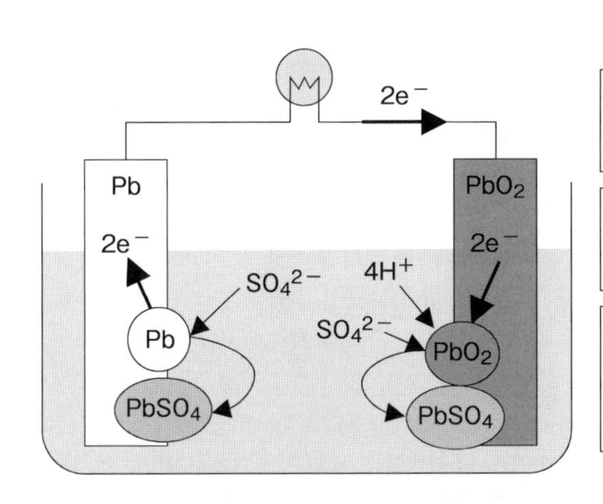

$(-)\ Pb\ |\ H_2SO_4\ |\ PbO_2\ (+)$
鉛蓄電池

（負極：酸化反応）
$$(-)\ Pb + SO_4^{2-} \longrightarrow PbSO_4 + 2\,e^-$$

（正極：還元反応）
$$(+)\ PbO_2 + SO_4^{2-} + 4\,H^+ + 2\,e^- \longrightarrow PbSO_4 + 2\,H_2O$$

一次電池として有名なマンガン乾電池とリチウム電池の放電時の負極反応を以下に示す．

$$Zn \longrightarrow Zn^{2+} + 2\,e^-$$
$$Li \longrightarrow Li^+ + e^-$$

それぞれの反応で生じた Zn^{2+} と Li^+ はいずれもイオンであり，電極表面から電解質溶液に向かって拡散していく．したがって，充電反応を行おうとしても，拡散して溶液全体に広がったそれらのイオンのうち，電極近傍に存在するイオンはわずかであるから，放電時の反応に対するその逆反応はほとんど起こらない．ポテンショスタットなどの特殊な電解装置を使って非常に温和な条件で充電反応を起こすことは可能であるが，放電前の状態に戻すことは到底，不可能である．

10.5　電気分解(陽極と陰極および陽極と陰極で起こる反応)

自然に進行しない酸化還元反応を電気エネルギーによって進行させることができる．電解質溶液や融解液に電極2本を浸し，両電極間にある程度以上の電圧をかけることによって，酸化還元反応を起こすことを電気分解（electrolysis）という．また，還元反応が起こっている電極を陰極（cathode），酸化反応が起こっている電極を陽極（anode）という．

具体例

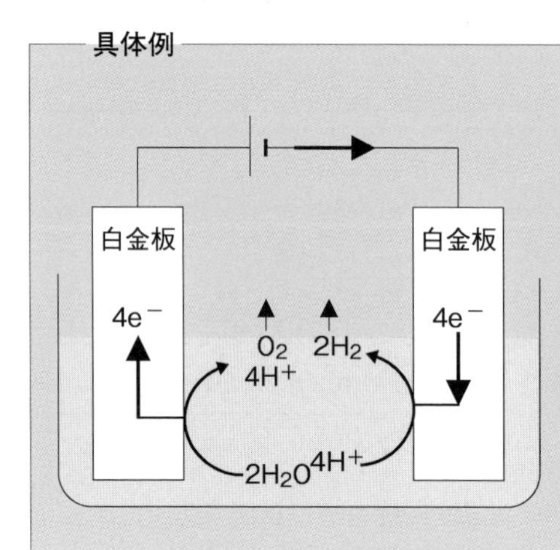

酸性水溶液を白金電極を用いて電気分解すると，陽極で水が酸化されて酸素が発生し，陰極では水素イオンが還元されて水素が発生する．全体としては，水が水素と酸素に分解される反応が生じている．

陽極：$2\,H_2O \rightarrow 4\,H^+ + O_2\uparrow + 4\,e^-$
陰極：$4\,H^+ + 4\,e^- \rightarrow 2\,H_2\uparrow$
全反応：$2\,H_2O \rightarrow 2\,H_2\uparrow + O_2\uparrow$

発　展

上例において，電極表面に近い溶液中では何が起こっているか考えてみよう．陽極では，H_2O が消費されて H^+ と O_2 が生成するので，電極表面近くでは H^+ と O_2 が多く存在する．陰極では，同じ理由により H^+ が少なく H_2 が多く存在している．電極から充分に離れた溶液中では H_2 や O_2 はほとんど存在せず，H^+ 濃度も一定である．したがって H^+ は，陽極から溶液内部に，溶液内部から陰極に向かって拡散により移動している．溶液をかき混ぜなくても拡散によって物質は移動している．

確認問題

NaOHの水溶液を白金電極を用いて電気分解しても，酸性水溶液を電気分解したときと同様に，陰極から水素が，陽極から酸素が発生する．また発生する水素と酸素の体積比も2：1で同じである．しかしこの場合，陽極では $4\,OH^-$ が，陰極では $2\,H_2O$ が反応する．陽極と陰極の反応式を書け．

答：(陽極) $4\,OH^- \rightarrow O_2 + 2\,H_2O + 4\,e^-$，(陰極) $2\,H_2O + 2\,e^- \rightarrow H_2 + 2\,OH^-$

電気分解においては，最も酸化されやすい物質が陽極で酸化され，最も還元されやすい物質が陰極で還元される．酸化されやすさや還元されやすさは各物質によって異なり，その順序は標準電極電位である程度，知ることができる．

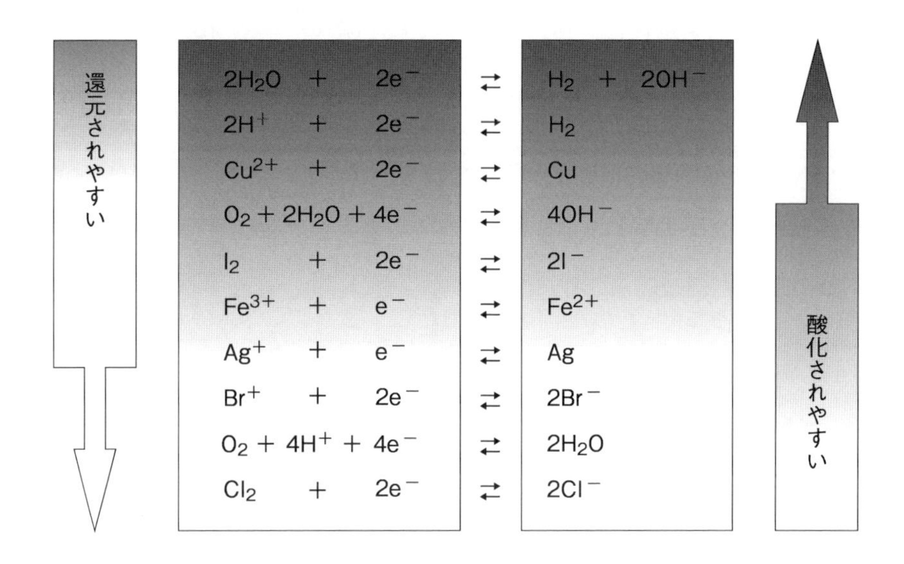

上の酸化還元反応の上から下への順番は，標準電極電位の低い方から高い方に示したものである．イオン化傾向も，標準電極電位に基づいていることはすでに述べたとおりである．上図において，酸化反応（右から左へ向かう反応）は，上にいくほど起こりやすい．逆に，還元反応（左から右へ向かう反応）は，下にいくほど起こりやすい．したがって，溶液中にどのようなイオンや分子が存在するかがわかれば，その溶液を電気分解したときに陽極および陰極でどの反応が起こるかを予想することができる．以下にいくつかの例を示す．

（例1）　水溶液中に H^+ と Cu^{2+} が存在するとき，還元されるのは Cu^{2+} である．よって陰極では，$Cu^{2+} + 2\,e^- \rightarrow Cu$ の反応が起こる．水溶液だから H_2O も存在するが，O_2 は存在しないので，$O_2 + 2\,H_2O + 4\,e^- \rightarrow 4\,OH^-$ の反応は起こらない．

（例2）　水溶液中に Cl^- と I^- が存在するとき，H_2O を考慮しても酸化されるのは I^- である．したがって陽極では，$2\,I^- \rightarrow I_2 + 2\,e^-$ の反応が起こる．

10.6　電気分解（ファラデーの法則と量的関係）

ファラデーの法則（電気分解の法則，Faraday's law of electrolysis）：陽極および陰極において変化する物質の物質量（mol）は，流れた電気量に比例する．電子（e^-）1 mol の有する電気量は，1 *F*（ファラデー）といい，$1\,F = 96500\,\mathrm{C}$ である．一定の電流（i）を t 秒間流して電気分解を行なったときの電気量（Q）は，$Q = it$ により求められる（ただし，i の単位は A）．

具体例

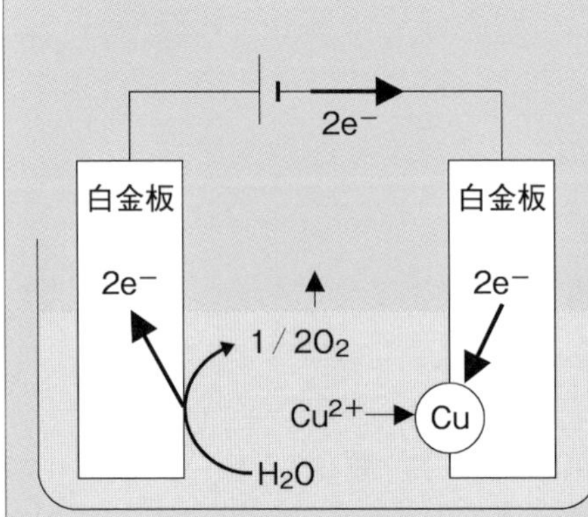

銅(II)イオンを含む水溶液を白金電極を用いて電機分解すると，以下の反応が生じる．

陽極：$H_2O \rightarrow 2\,H^+ + 1/2\,O_2 + 2\,e^-$

陰極：$Cu^{2+} + 2\,e^- \rightarrow Cu$

上の反応式より，2 mol の電子が流れれば，溶液中の H_2O と Cu^{2+} はそれぞれ 1 mol 失われる．逆に，溶液中に H^+ が 2 mol 生成し，陰極上に 1 mol の Cu が付着する．また，陽極上からは O_2 が 1/2 mol 発生する．

発　展

上例において，いま 2.0 A の一定の電流で，3 分 13 秒間，電気分解した場合に析出する銅は何 g になるのかについて計算してみよう．

まず流れた電気量 Q は，$Q = it$ により　$Q = 2.0 \times (3 \times 60 + 13) = 386\,\mathrm{C}$

これより電子（e^-）の物質量は，$e^-(\mathrm{mol}) = 386/96500 = 4.0 \times 10^{-3}\,\mathrm{mol}$

電子と銅の物質量の比（$e^-(\mathrm{mol})$：Cu(mol)）は，反応式より，2：1 であるから，析出する銅の質量 Cu(g) は，銅の原子量 64 を用いて，

$$\mathrm{Cu(g)} = 1/2 \times 4.0 \times 10^{-3} \times 64 = 0.128\,\mathrm{g}$$

確認問題

2.0 A の電流を 32 分 10 秒流したとき，次の電極反応が進行した．

$$2\,H_2O + 2\,e^- \longrightarrow H_2 + 2\,OH^-$$

① 流れた電気量はいくらか．

② 移動した電子は何 mol か．

③ 発生した H_2 の標準状態（0℃，1 気圧）における体積を求めよ．

答：① 3,860 C，② 0.040 mol，③ 896 cm³

電気分解を行ったときに流れる電流（i）と反応速度（v）の関係について検討してみよう．下図のように銀イオン（Ag^{+}）が陰極上で還元されて銀（Ag）が陰極上に析出する反応についてみてみよう．

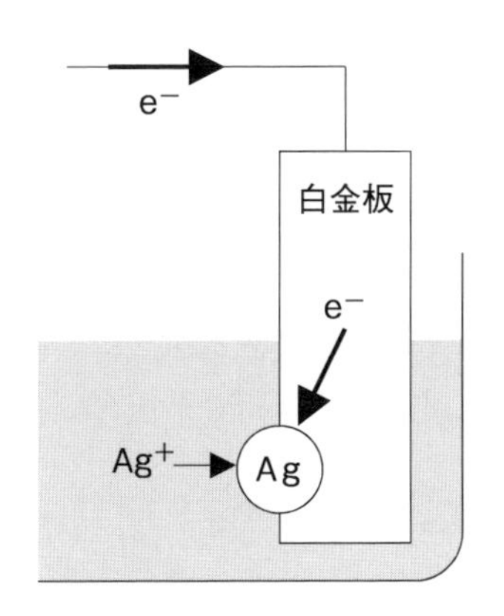

$$Ag^{+} + e^{-} \rightarrow Ag$$

$$v = -\frac{d[Ag^{+}]}{dt} = -\frac{dn_{e}}{dt} = -\frac{dn_{e}}{dt}\cdot\frac{F}{F}$$

$$= -\frac{d(n_{e}F)}{Fdt} = -\frac{dQ}{Fdt} = \frac{1}{F}\cdot i$$

$$\boxed{i = Fv}$$

反応速度（v）は銀イオンのモル濃度（$[Ag^{+}]$）の時間変化（$-d[Ag^{+}]/dt$）であるが，電子の時間変化でもある．いま，水溶液の容積 1 L について考えると，v は電子の物質量変化（$-dn_{e}/dt$）とみなすことができる.分母と分子にファラデー定数（F）をかけてみると，分子は $n_{e}F$ の変化（$d(n_{e}F)$）とみることができる．1 mol の電気量が F であるから，これは電気量の時間変化（dQ/dt），すなわち電流（i）である．反応速度の－の符号は減少する速度（－）を示しているので，絶対値を考えると $i = Fv$ という重要な結果が得られる．つまり，電流値は電流計で読み取ることができ，それは反応速度を示しているということである．ほとんどの化学反応において，その反応速度はいろいろな分析手法によって反応物質や生成物質の濃度変化を求めなければわからないが，電気分解反応は電流値を直読することによって知ることができる．一般に反応の電子数を n とすると，

$$\boxed{i = nFv}$$

となり，電気分解反応の反応速度やその解析は電流値によって行うことができる．

章末問題 10

【例題 1】イオン化傾向

次の ①～③ の各塩の水溶液に銅板（Cu）を浸したときに，銅板表面上で化学変化が起こるのはどれか．また，そのときの化学反応式を記せ．

① $ZnSO_4$(Zn^{2+} が存在)　② $HgCl_2$(Hg^{2+} が存在)　③ $SnCl_4$(Sn^{4+} が存在)

考え方

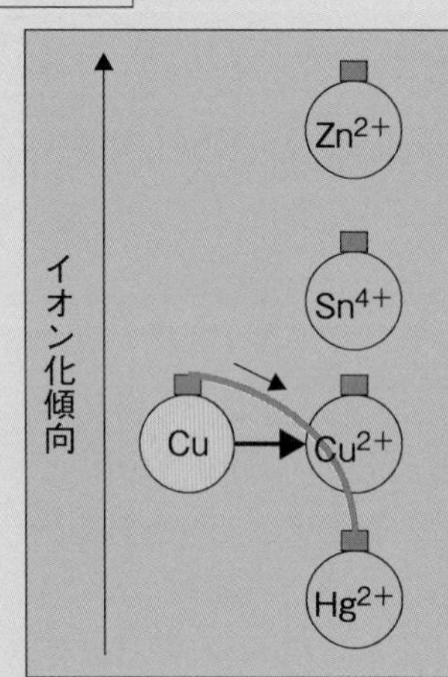

問題の 3 つの金属イオン（ Zn^{2+}，Hg^{2+}，Sn^{4+}）について，イオン化傾向の大きい金属イオンを上に，イオン化傾向の小さい金属イオンを下に書くと左図のようになる．

銅版（Cu）は Sn^{4+} と Hg^{2+} の間に位置する．したがって，Cu の電子（図では水にたとえている）は，Hg^{2+} の容器にしか移ることができない．よって，銅板を浸して化学変化が起こるのは Hg^{2+} を含む溶液になる．

答

上図より明らかなように，化学変化が起こるのは，②の $HgCl_2$ である．化学反応式は右のとおりである．　$Cu + Hg^{2+} \longrightarrow Cu^{2+} + Hg$

問題 1

アルミニウム棒を，以下の①～④の金属イオンを含む水溶液に浸したときに起る化学反応式を記せ．

① Zn^{2+}，② Ca^{2+}，③ Cu^{2+}，④ Ag^{+}

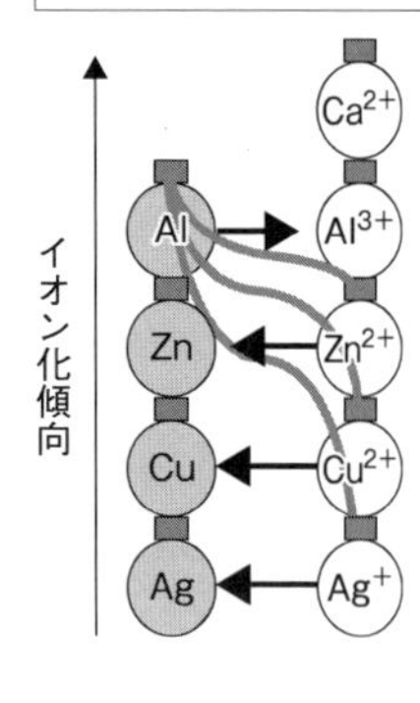

答：(問題 1) 例題の図のように，①～④の金属イオンをイオン化傾向順に上下に並べてみると，Al は Zn^{2+} と Ca^{2+} の間に位置することがわかる．したがって，化学変化が起こるのは①，③，④である．化学反応式を書く場合は，イオンの価数に注意し，化学反応式の左辺と右辺（→の左側と右側）で＋の数が等しくなるように各化学式の前に係数をつける．

① $3\,Zn^{2+} + 2\,Al \rightarrow 3\,Zn + 2\,Al^{3+}$

② 化学変化は起こらない

③ $3\,Cu^{2+} + 2\,Al \rightarrow 3\,Cu + 2\,Al^{3+}$

④ $3\,Ag^{+} + Al \rightarrow 3\,Ag + Al^{3+}$

【例題 2】電池（ファラデーの法則）

自家用車やオートバイなどに使用されている鉛蓄電池の放電反応は以下のとおりである．

（正　極）　$PbO_2 + SO_4^{2-} + 4H^+ + 2e^- \rightarrow PbSO_4 + 2H_2O$

（負　極）　$Pb + SO_4^{2-} \rightarrow PbSO_4 + 2e^-$

電池を放電すると正極の質量が 16 g 増加した．このときに電解液から失われた硫酸の質量はいくらか．また，流れた電気量は何 C か．

考え方

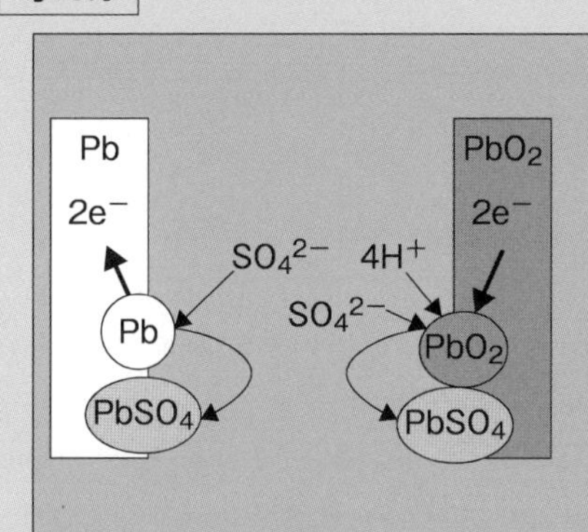

2 mol の e^- が反応したときに増加する正極の質量は，（$PbSO_4$ の式量）－（PbO_2 の式量）である．

2 mol の e^- が反応したときに，正極では 1 mol の SO_4^{2-} と 4 mol の H^+ が失われる．同時に負極では，1 mol の SO_4^{2-} が失われる．結局，2 mol の e^- が反応すると，2 mol の H_2SO_4 が電解質溶液から失われることになる．

答　$PbSO_4$ の式量 = 303，PbO_2 の式量 = 239 であるから，

（$PbSO_4$ の式量）－（PbO_2 の式量）= 303－239 = 64

正極の質量増加は 16 g だから，16 ÷ 64 = 0.25，となる．0.25 × 2 = 0.5 mol の e^- が反応したことになる．1 mol の e^- が反応すると，1 mol の H_2SO_4 が電解質溶液から失われることになるので，失われた硫酸の質量は，

0.5 ×（硫酸の分子量）= 0.5 × 98 = 49 g

流れた電気量は，（e^- の物質量）× F = 0.5 × 96500 = 48,250 C

問題 2

ニッケルカドミウム蓄電池を 0.100［A］の一定の電流で放電させたのち，負極の質量を測定すると 0.170［g］増加していた．このときの放電した時間はいくらか．ただし原子量は，H=1，O=16，ファラデー定数は 96500［C/mol］とする．

負極：$Cd + 2OH^- \rightarrow Cd(OH)_2 + 2e^-$

正極：$NiOOH + H_2O + e^- \rightarrow Ni(OH)_2 + OH^-$

答：**(問題 2)** 負極（Cd）の反応を見ると，Cd が 1［mol］反応すると $Cd(OH)_2$ が 1［mol］生成し，電子は 2［mol］流れるが，そのとき負極は $(OH)_2$ 分だけ質量が増加する．したがって，流れた電気量は，

$$\frac{0.17}{34} \times 2 \times 96500$$

したがって，放電した時間は，

$$\frac{\frac{0.17}{34} \times 2 \times 96500}{0.100} = 9650[\mathrm{s}]\ (= 2 時間 40 分 50 秒)$$

【例題 3】電気分解（ファラデーの法則）

現在，次の元素はすべて電解採取によってえられている：Li, F, Na, Al, Cl, Sc, Mn, Ru, Rh, Pb, Ag, La, Os, Ir, Pt, Au. このうちAlは，炭素電極を用いてボーキサイト中のAl_2O_3の融解液を電解して得られる．いま，5.0 Aで2時間，電解したとき得られるAlは何gか．なお，各電極の反応は以下のとおりである．

（陽　極）　$3\,C + 6\,O^{2-} \longrightarrow 3\,CO_2 + 12\,e^-$

（陰　極）　$4\,Al^{3+} + 12\,e^- \longrightarrow 4\,Al$

考え方

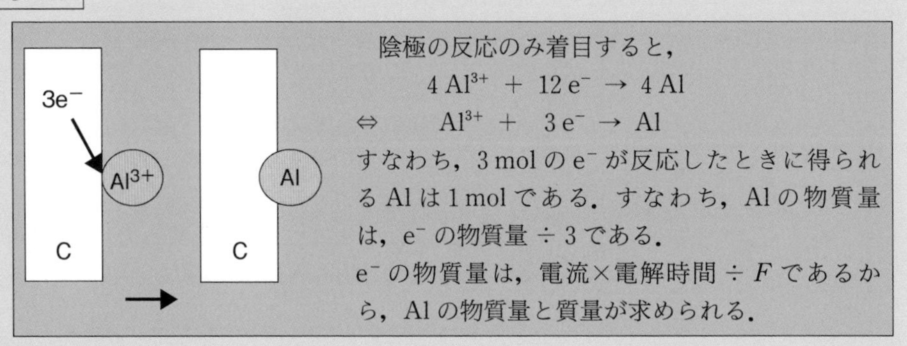

陰極の反応のみ着目すると，

$$4\,Al^{3+} + 12\,e^- \rightarrow 4\,Al$$

$$\Leftrightarrow \quad Al^{3+} + 3\,e^- \rightarrow Al$$

すなわち，3 molのe^-が反応したときに得られるAlは1 molである．すなわち，Alの物質量は，e^-の物質量 ÷ 3である．

e^-の物質量は，電流×電解時間 ÷ Fであるから，Alの物質量と質量が求められる．

答　電解時間の2時間は，秒に直すと，$2 \times 60 \times 60 = 7200$ s.

電気量 = 電流×時間 = $5 \times 7200 = 36{,}000$ C.

e^-の物質量(mol) = $36{,}000 \div 96{,}500 = 0.373$ mol

Alの物質量(mol) = e^-の物質量(mol) ÷ 3 = $0.373 \div 3 = 0.124$ mol.

Alの質量(g) = Alの物質量(mol) ×（Alの原子量）= $0.124 \times 27 = 3.35$ g

問題 3

故マニュエル・バイザー先生が研究開発したナイロンなどの原料になるアジポニトリル（$C_6H_8N_2$）の合成は，アクリロニトリル（C_3H_3N）を電気分解して還元するものである．これはMonsanto社で実用化され，これを契機に，有機電気化学は急速な進歩を遂げてきている．いま，2 kgの$C_6H_8N_2$を得るためには，30.0 Aの一定電流を流して電気分解するときに，どれくらいの電解時間が必要か．なお，反応式は以下のとおりである．

$$2\,C_3H_3N + 2\,H^+ + 2\,e^- \longrightarrow C_6H_8N_2$$

答：**(問題 3)** $C_6H_8N_2 = 108$だから，2 kg（= 2,000 g）は，$2{,}000 \div 108 = 18.52$ molに相当する．

反応式より，e^-の物質量(mol) = $2 \times C_6H_8N_2$(mol) = $2 \times 18.52 = 37.04$ mol.

よって，電気量 = e^-の物質量(mol) × F = $37.04 \times 96500 = 3.574 \times 10^6$C.

電気量 = 電流 × 時間より，時間 = 電気量 ÷ 電流 = $3.574 \times 10^6 \div 30 = 119{,}100$ s.

したがって，$119{,}100 \div 3{,}600 = 33.08$時間.

11 有機化合物

有機化合物とは炭素化合物のことで，長い間，二酸化炭素などの簡単な炭化水素化合物以外は生きた細胞が供給する生命の作用によってのみ生成されるものと考えられていた．しかし 1928 年に Wöhler（ウェーラー）が，無機化合物であるシアン酸アンモニウムの溶液を蒸発すると，この無機化合物の一部が有機化合物の尿素に変化することを発見した．このことにより，有機化合物の定義を変更する必要が生じた．現在，有機化合物は主に炭素を含む化合物を指し，無機化合物は炭素以外の元素から成る化合物を指す．

有機化合物は炭素，水素，窒素，酸素，硫黄，ハロゲンなどの限定された元素から構成されるが，共有結合の箇所で述べたように，これらの原子間の結合の仕方はいくつかのパターンがあるうえ，炭素原子自身も多種多様な結合（炭素骨格構造）を取るため，有機化合物の種類は多く 9000 万種類以上に達すると推測されている．有機化合物は，融点・沸点は比較的低く，分子の極性が低いために水に溶解しにくく，有機溶媒に溶解するものが多い．また，炭素を主として多く含むので，多くの有機化合物は空気中で燃焼する．

ここでは，有機化合物のごく基本的な内容のみ触れて学んでいくことにする．

11.1　炭化水素

塩素の水素化物は塩化水素のみで，酸素の水素化物は水と過酸化水素の二種類だけである．これに対し炭素は実に2000個以上もの水素化物（**炭化水素**）がある．これは炭素原子どうしと炭素原子と水素原子間に形成される共有結合の多様性に起因している．炭化水素には鎖状に配列しているもの，環状に配列しているもの，またその両方を含むものがある．他方，炭素原子間の結合がすべて単結合のものは**飽和**炭化水素，炭素原子間の結合の一部に二重結合や三重結合を含むものを**不飽和**炭化水素という．

具体例

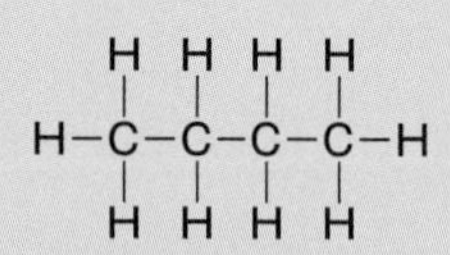

左図は4個の炭素原子が鎖状に結合し，すべての結合が単結合の炭化水素（ブタン）である．このように炭素原子が鎖状に単結合で結合し，各炭素原子に水素が結合したものを**アルカン（alkane）**という．この場合，炭素原子4個に対して，水素原子は10個であるが，一般的にアルカンは炭素原子数をnとすると，その分子式は，C_nH_{2n+2}と表される．アルカンの炭素間結合に二重結合を1つ含むものを**アルケン（alkene）**，三重結合を1つ含むものを**アルキン（alkyne）**と呼び，分子式はそれぞれ，C_nH_{2n}，C_nH_{2n-2}と表される．

発　展

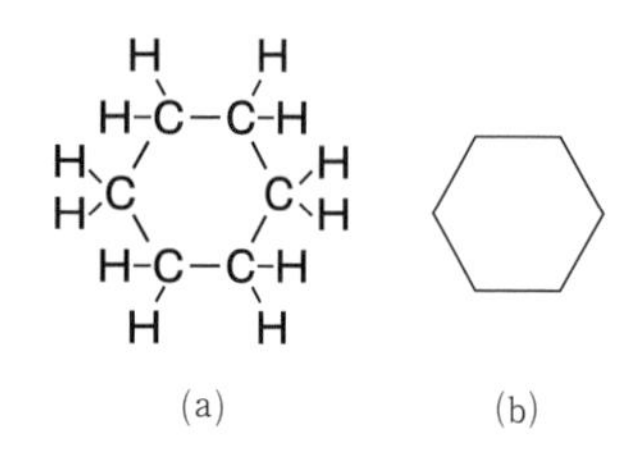

(a)　(b)

環状に配列したアルカンをシクロアルカン（cycloalkane）といい，その分子式はC_nH_{2n}と表される．左図(a)はnが6のシクロアルカンであるが，炭素原子と水素原子の元素記号を省き，(b)のように表示されることが多い．

確認問題

ある気体のアルカンの分子量を測定すると，44であった．このアルカンの分子式を記せ．ただし，炭素の原子量は12，水素の原子量は1とする．

答：炭素原子数をnとすると，アルカンの分子式は，C_nH_{2n+2}と表される．したがって，分子量をnを用いて表すと，$12\times n+1\times(2n+2)$となり，これが44に等しいから，

$$12\times n+1\times(2n+2)=14n+2=44 \qquad n=3$$

よって，求めるアルカンの分子式は，C_3H_8となる．

同じ分子式をもつが構造式が異なるものを**異性体**と呼ぶが，アルカンの炭素原子は鎖状や環状に配列しているものがあり，炭素原子間の結合の仕方も多様なので，異性体が存在する．たとえば，C_5H_{12} と表されるアルカン（ペンタン）には，以下の(a)，(b)，(c)の３種類のものがある．

```
(a)
      H
    H-C-H
    H | H
  H-C-C-C-H
    H | H
    H-C-H
      H

(b)
    H
  H-C-H
  H | H H
H-C-C-C-C-H
  H H H H

(c)
  H H H H H
H-C-C-C-C-C-H
  H H H H H
```

(a)，(b)，(c)は沸点も，9.5℃，28.0℃，36.2℃と異なる全く別の物質である．この場合，炭素骨格が異なることによる異性体なので，これらは**構造異性体**と言われている．

炭素原子間の二重結合は固定され自由に回転することができない．したがって，各炭素原子に結合している原子や原子団の相対的な位置関係により二種類の異性体がある．これを**幾何異性体（シス-トランス異性体）**という．たとえば，以下の２つが幾何異性体であるが，CH_3 の原子団が二重結合の左右の同じ側にあるものをシス型，逆の位置にあるものをトランス型という．

```
シス型
   H         H
    \       /
 H   C═════C   H
  \ /       \ /
   C         C
  / \       / \
 H   H     H   H

トランス型
                H   H
                 \ /
      H           C
       \         / \
  H     C═══════C   H
   \   /         \
    C             H
   / \
  H   H
```

単結合ですべて異なる原子や原子団が結合している炭素原子を**不斉炭素**と呼び，不斉炭素を有する有機化合物は鏡像関係にある２つの異性体が存在する．この異性体を**光学異性体**という．下図に２つの光学異性体を模式的に示す．いわば左手と右手のように形状は同じだが重ねることができない異なるものである．

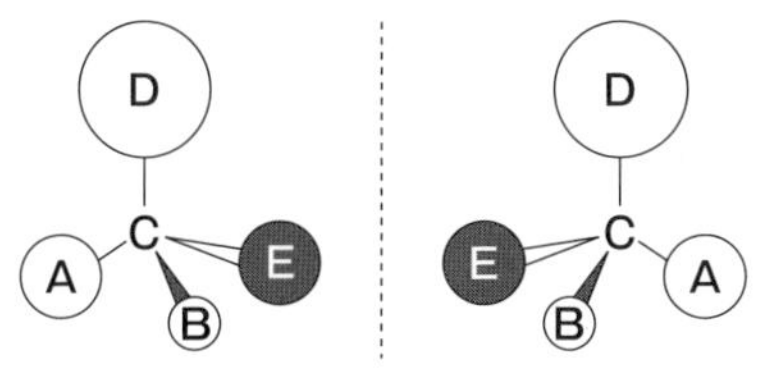

鏡像関係の光学異性体

11.2　官能基

炭化水素は，炭素と水素のみで構成された有機化合物であるが，水素原子を他の原子または原子団に置き換えることによって化学的性質が大きく変化する．このような原子や原子団は，**官能基（functional group）**とよばれ，さまざまな種類が存在する．同じ官能基を持つ化合物は共通した性質を示すため，有機化合物は官能基の種類に着目することで，性質の似た化合物に分類することができる．

具体例

図(a)のメタンは，常温・常圧において無色・無臭の気体で，水に溶けにくく，毒性がない炭化水素である．メタンを構成する水素の一つがヒドロキシ基(-OH）に置き換わると，アルコールの一種であるメタノール（図(b)）になる．メタノールは，常温・常圧において液体であり，水溶性を示し，毒性を持っている．同様にメタンの水素の一つが、カルボキシ基（-COOH）に置き換わると酢酸（図(c)）になる．酢酸はカルボン酸の一種であり，刺激臭のある液体で，食用としても利用される．

(a)メタン　(b)メタノール　(c)酢酸

発　展

有機化合物には，官能基を2つ以上または2種類以上持つ物質が多く存在する．2種類以上の官能基を持つ物質には両官能基の性質を示すものが多い．例えば，アミノ酸はアミノ基（$-NH_2$）とカルボキシ基を持っており，塩基性と酸性の両方の性質を兼ね備えている．また，グリシン以外のα-アミノ酸は前ページで述べた光学異性体を持っている．

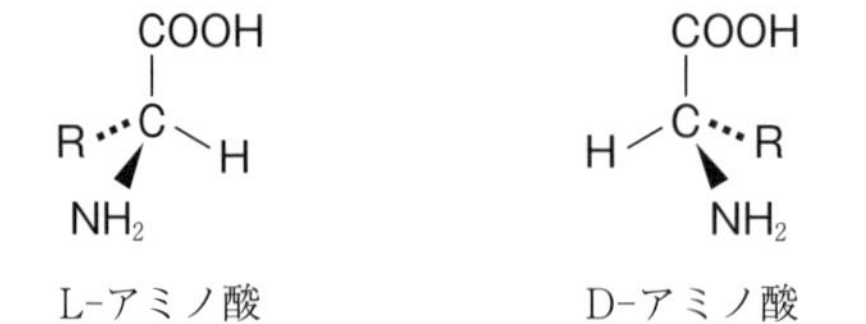

L-アミノ酸　D-アミノ酸　※Rはアルキル基を示す

確認問題

次の有機化合物に含まれる官能基を示し，その一般名を答えよ．

(1) C_2H_5COOH　(2) HCHO　(3) CH_3OCH_3　(4) $CH_3CH(OH)CH_3$

答：(1) -COOH（カルボン酸）(2) -CHO（アルデヒド）(3) -O-（エーテル）(4) -OH（アルコール）

炭化水素の多くは安定した構造であり，反応は限定されてている．そこで水素原子を反応しやすい官能基に置き換えることで，大きく性質が変化する．そのため，有機化合物を官能基によって分類したり，命名したりする．主な官能基を表に示す．

炭化水素の水素原子がヒドロキシ基（-OH）に置換した化合物がアルコールである．-OH と結合している炭素原子が持つ水素原子の数によって第一級から第三級アルコールまで分類され，また -OH の数によって 1 価，2 価，3 価アルコールと分類される．特に 3 価アルコールのグリセリン(1,2,3-プロパントリオール)は幅広く利用されるので覚えておきたい．

カルボニル基（>C=O）をもつ化合物をカルボニル化合物といい，2 個のアルキル基を持つ化合物をケトンという。ケトンは第二級アルコールやアルケンの酸化によって作ることができる．また，ケトンの中でもアセトンは溶剤や合成原料として使われる最も重要な化合物で，工業的にクメン法によって作られる．

$$\mathrm{R\text{-}CH(OH)\text{-}R'} \xrightarrow{\text{酸化}} \mathrm{R\text{-}C(=O)\text{-}R'}$$

$$\underset{\text{ベンゼン}}{C_6H_6} + CH_2=CHCH_3 \longrightarrow \underset{\text{クメン}}{CH_3CH(C_6H_5)CH_3} \xrightarrow{O_2} C_6H_5OH + \underset{\text{アセトン}}{(CH_3)_2C=O}$$

カルボニル基の一方が水素に置換したものをホルミル基（-CHO）といい、ホルミル基を持つ化合物をアルデヒドという。アルデヒドは，第一級アルコールが酸化されることで作られ，さらにアルデヒドが酸化されるとカルボン酸になる．アルデヒドは酸化しやすいため，銀鏡反応やフェーリング反応を起こし，アルデヒドの検出に用いられる．

$$\underset{\text{第一級アルコール}}{R\text{-}CH_2OH} \rightleftarrows \underset{\text{アルデヒド}}{R\text{-}CHO} \rightleftarrows \underset{\text{カルボン酸}}{R\text{-}COOH}$$

$$R\text{-}CHO + 2[Ag(NH_3)_2]^+ + 3OH^- \rightarrow R\text{-}COO^- + 2Ag + 4NH_3 + 2H_2O \quad \text{[銀鏡反応]}$$

$$R\text{-}CHO + 2Cu^{2+} + 5OH^- \rightarrow R\text{-}COO^- + Cu_2O + 3H_2O \quad \text{[フェーリング反応]}$$

カルボン酸はカルボキシ基（-COOH）を持つ化合物で，炭化水素鎖にカルボキシ基が 1 つ置換したカルボン酸は「脂肪酸」ともよばれている．

2 分子のアルコールから 1 分子の水が脱離（脱水反応）すると，エーテル（-O-）が生成する．エタノールの脱水反応（130～140℃）で生成するジエチルエーテルは，有機溶媒として用いられ，また生物に対し麻酔作用がある．

$$2CH_3CH_2OH \rightarrow CH_3CH_2\text{-}O\text{-}CH_2CH_3 + H_2O$$ ※160～170℃で反応すると $CH_2=CH_2$ が生成

同様にカルボン酸とアルコールが脱水反応をすると，エステル（-COO-）が生成する．一般的に水に溶けにくく，揮発性が高く，果実のような匂いがする．

官能基による分類

官能基	構造	一般名		例	官能基	構造	一般名		例
ヒドロキシ基	-OH	アルコール	CH_3OH	メタノール	エーテル結合	-O-	エーテル	$C_2H_5OC_2H_5$	ジエチルエーテル
		フェノール類	C_6H_5OH	フェノール	エステル結合	-C(=O)-O-	エステル	$CH_3COOC_2H_5$	酢酸エチル
カルボニル基（ケトン基）	>C=O	ケトン	CH_3COCH_3	アセトン	アミノ基	$-NH_2$	アミン	$C_6H_5NH_2$	アニリン
ホルミル基（アルデヒド基）	-C(=O)-H	アルデヒド	CH_3CHO	アセトアルデヒド	ニトロ基	$-NO_2$	ニトロ化合物	$C_6H_5NO_2$	ニトロベンゼン
カルボキシ基	-C(=O)-OH	カルボン酸	CH_3COOH	酢酸	スルホ基	$-SO_3H$	スルホン酸	$C_6H_5SO_3H$	ベンゼンスルホン酸

11.3　身近な高分子化合物

分子量が非常に大きな物質を高分子化合物と呼び，日々の生活の中で身近に存在している．高分子化合物は，生物の生命活動により作り出されたタンパク質やデンプンなどの天然高分子化合物と，工業的に合成された合成高分子化合物に分類される．どちらも基本となる分子構造（モノマー）が重合反応により多数規則的に結合し形成している．

具体例

主な重合反応は付加重合と縮合重合である．付加重合の一例としてポリエチレン（PE）が，縮合重合の一例としてポリエチレンテレフタレート（PET）を合成する反応式を以下に示す．

エチレン　→　ポリエチレン

$$n\,\mathrm{CH_2{=}CH_2} \longrightarrow \left[\mathrm{CH_2{-}CH_2}\right]_n$$

テレフタル酸　+　エチレングリコール　→　ポリエチレンテレフタレート　+　水

$$n\,\mathrm{HO{-}CO{-}C_6H_4{-}CO{-}OH} + n\,\mathrm{HO{-}CH_2{-}CH_2{-}OH} \longrightarrow \left[\mathrm{CO{-}C_6H_4{-}CO{-}O{-}CH_2{-}CH_2{-}O}\right]_n + 2n\,\mathrm{H_2O}$$

付加重合は二重結合の中の1本の結合が切れて次々と付加反応を繰り返し高分子が形成する．縮合重合は二つの分子から -H と -OH が切れて水を形成しながら高分子が形成する．ここで，高分子のもとになる分子をモノマーといい，その結合数（反応式中の n）を重合度という．

発　展

同じモノマーから形成された高分子でも重合度が異なると性質が違ってくる．一般的には重合度が大きくなると，粘度が上がり強固となる．また，高分子化合物は各分子が不規則に並んだ非晶質状態が主であるため，融点や沸点よりもガラス転移温度が重要になる．

確認問題

平均分子量が10万のポリエチレンの平均重合度はおおよそいくらか.

答：ポリエチレンの組成式（-CH2-CH2-)n
-CH2-CH2-：28
100000/28＝3571　平均重合度はおおよそ3600

合成高分子化合物は20世紀の前半に工業生産が可能となった．中でもナイロン66はこれまで絹や綿に依存していた衣料用の素材に合成繊維という選択肢を提供し，以降も新たな合成繊維が開発され現在に至っている．合成ゴムも同時期に発明され，それまでの天然ゴムに置き換わった．このように20世紀は石油化学工業の発達とともに種々の合成高分子化合物が開発され人々の生活へ大きな影響を与えた．次表に身近に使用されている高分子化合物を示す．

身近に使用されている高分子化合物とその用途

名称	主な用途
ポリエチレン	レジ袋
ポリ塩化ビニル	廃線の被覆，水道管
PET	飲料水などの容器
ポリスチレン	梱包材（発泡スチロール）
ポリプロピレン	耐熱性容器
ポリアミド	自動車・車両部品
ポリカーボネート	割れないガラス

一方で21世紀に入り地球環境問題が表面化してくるのと同時に合成高分子化合物は大きな課題に直面することになった．合成高分子化合物の一部，ポリエチレン（PE）やポリエチレンテレフタレート（PET）などはプラスチックと呼ばれて日常生活に欠かせないものとなり，レジ袋や飲料水などの容器として広く普及した．これらは安価で加工性が良く軽量で耐久性が高いなど多くの特徴を持つが，逆にそれが災いとなり深刻な課題を引き起こすことになる．安価なため使い捨て用品の対象となり，ゴミとして各所に廃棄された．また，耐久性が高いため，紙などと異なり分解して自然界に戻ることがなく，特に河川や海洋に流出したプラスチックゴミは自然環境を脅かす大きな問題となっている．

これらの課題を解決するために，直近の対策として，エコバックの導入などによるレジ袋の削減，飲料水の容器やスプーン等は，紙などの自然界で分解しやすい材料に置き換える動きが始まっている．また，中長期的な対策として，地中や水中で自然に分解するプラスチックの開発が行われているが，普及するにまだまだ時間がかかりそうである．

11.4　人体と有機化合物（DNA）

生物体を構成する大部分は有機化合物であり，これら生物体を構成している物質などを天然有機化合物という．天然有機化合物はタンパク質・糖類・脂質・その他（核酸やビタミンなど）である．その中でも生命現象に直接関係する化合物であるタンパク質・糖類の基本構造と性質，遺伝子の本体である核酸の基本構造は重要である．

1. タンパク質

私たちのからだを構成している筋肉，皮膚などの組織は**タンパク質（protein）**でできている．体内の反応をつかさどる酵素もタンパク質であり，酵素やホルモンなどのタンパク質が生理作用を調節している．タンパク質の種類はヒトで約10万種類といわれており，このようなタンパク質を構成している物質は**アミノ酸（amino acid）**である。アミノ酸は約20種類あり，このうち，ヒトの体内で合成できないアミノ酸（8種類）と不十分な量しか合成できないアミノ酸（1種類）は外部から摂取する必要がある．この9種類を必須アミノ酸といい，これらのアミノ酸が不足すると栄養障害を引き起こすことがある．アミノ酸の共通構造は分子内にアミノ基-NH_2とカルボキシ基-COOHをもっており，アミノ基とカルボキシ基が同一の炭素原子に結合しているアミノ酸をα-アミノ酸という．天然に存在しているα-アミノ酸をR-CH(NH_2)-COOHで表し，置換基Rの違いによって固有の名称がつけられている．

具体例

タンパク質を構成するアミノ酸の代表例

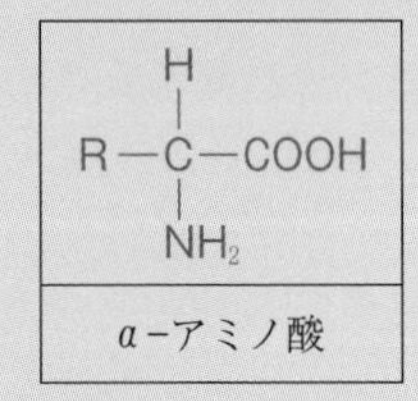

α-アミノ酸

（Rの構造によって種類が決まる）

名称	R	名称	R
グリシン	H-	セリン	HO-CH_2-
アラニン	CH_3-	システイン	HS-CH_2-
リシン	H_2N-$(CH_2)_4$-	メチオニン	CH_3-S-$(CH_2)_2$-
アスパラギン酸	HOOC-CH_2-	フェニルアラニン	⬡-CH_2-
グルタミン酸	HOOC-$(CH_2)_2$-	チロシン	HO-⬡-CH_2-

発　展

タンパク質の構造はアミノ酸分子同士の結合によって構成されている．2つのアミノ酸分子から脱水縮合してできた結合をペプチド結合という．アミノ酸がペプチド結合により結合した化合物をペプチドといい，多数のアミノ酸が鎖状に結合したものをポリペプチドという．タンパク質はポリペプチドの構造をもつ高分子化合物であり，一次構造（アミノ酸配列），二次構造（α-ヘリックス構造（らせん構造）・β-シート構造（ひだ状の平面構造）），三次構造（ポリペプチドの立体構造），四次構造（サブユニット構造）といった構造をとり，二次構造以上の構造をまとめてタンパク質の高次構造という．また，タンパク質の性質はその立体構造で決まる．タンパク質の分子量は数千から数百万のものまであり，その水溶液はコロイド溶液である．タンパク質の水溶液に熱・酸・塩基・有機溶媒などを加えると凝析したりする。これをタンパク質の変性といい，変性によりタンパク質の分子の立体構造が変化するため，タンパク質特有の性質や生理機能を失うことがある．変性によりいったん立体構造が壊れてしまうともとには戻らない．

2. 糖類

デンプンや糖を総称した化合物群を炭水化物（糖類）といい，一般式 $C_m(H_2O)_n$ で表される．炭水化物は動植物を構成する主成分の１つであり，小麦などの穀物中に多く含まれている．糖類のうちグルコース（ブドウ糖）は $C_6H_{12}O_6$ で表され，最も簡単な糖の１つである．このように加水分解によってそれ以上簡単な糖を生じないものを単糖類という．また，スクロース（ショ糖）$C_{12}H_{24}O_{11}$ のように１分子の糖から加水分解により２分子の単糖類を生じるものを二糖類という．デンプンやセルロースのように多数の単糖類がグリコシド結合したものを多糖類という．

具体例

糖類の分類

分類	名称	加水分解により生成する糖
単糖類	グルコース	—
	フルクトース	—
二糖類	スクロース	グルコース＋フルクトース
	マルトース	グルコース＋グルコース
多糖類	デンプン	グルコース
	セルロース	グルコース

発　展

すべての生物は細胞からできており，どの生物の細胞にも**核酸**（nucleic acid）と呼ばれる高分子化合物が存在する．核酸は生物のもつ遺伝情報を次世代に伝える重要な役割を果たす物質である．核酸にはデオキシリボ核酸（DNA）とリボ核酸（RNA）の２種類が存在する．核酸はリン酸・糖・塩基からなるヌクレオチドと呼ばれる構造を構成単位とし，このヌクレオチドが脱水・縮合重合し鎖状に連なった高分子化合物（ポリヌクレオチド）である．

DNAを構成するヌクレオチドの糖はデオキシリボースであり，この糖に結合している塩基は，アデニン（A），グアニン（G），シトシン（C），チミン（T）の4種類である．DNAはらせん状になった2本の分子間のAとT，GとCの部分で水素結合をつくり，二重らせん構造を形成している．DNAのポリヌクレオチドが有する塩基配列は変化しないため，その塩基配列に基いてタンパク質合成される．したがって，DNAの塩基配列が生物の遺伝情報となる．

RNAを構成する糖はリボースであり，この糖に結合している塩基は4種類であるが，チミン（T）が含まれず，そのかわりにウラシル（U）が含まれる．RNAは通常一本鎖で存在し，生体内でのタンパク質の合成に関わっている．代表的なRNAとして，伝令RNA（mRNA），運搬RNA（tRNA），リボソームRNA（rRNA）の3種類がある．

核酸の基本構造（DNAとRNA）

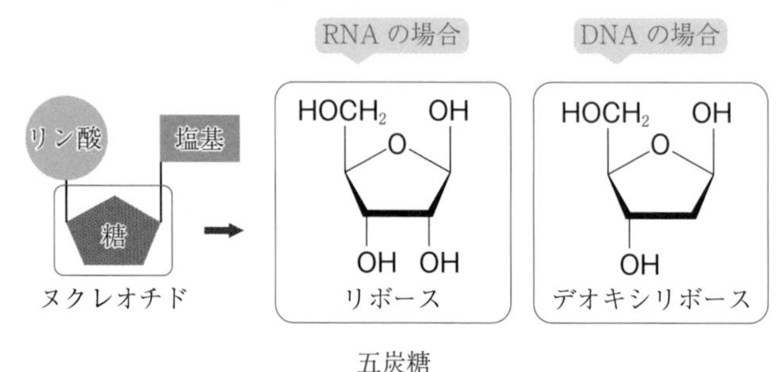

五炭糖

章末問題 11

問題 1

C_6H_{14}の分子式で示される炭化水素の異性体をすべて構造式で記せ.

問題 2

ある炭化水素の元素分析を行ったところ，炭素と水素の質量パーセントは，それぞれ 75.0［%］と 25.0［%］であった．他方，この炭化水素の分子量を測定したところ 16.0 であった．この炭化水素の分子式を記せ．ただし原子量は，C＝12.0，H＝1.0 とする．

問題 3

次の記述に関する官能基を語群から選び記号で答えよ．

(1)　アセトンを構成している官能基
(2)　アルコールの二分子間脱水で生成される官能基
(3)　銀鏡反応を示す官能基　　(4)　グリセリンを構成している官能基
(5)　エステルの加水分解で得られる官能基（2 つ）
(6)　アニリンを構成している官能基
(7)　構造に N を含む官能基（2 つ）　　(8)　構造に C＝O を含む官能基（4 つ）

【語群】(a)ヒドロキシ基　(b)カルボキシ基　(c)アルデヒド基　(d)カルボニル基
(e)ニトロ基　(f)アミノ基　(g)エーテル結合　(h)エステル結合

問題 4

次の分子式で表される有機化合物について，考えられるアルキル基以外の官能基を全て示性式で答えよ

(1)　C_2H_6O　　(2)　$C_3H_6O_2$

答：**(問題 1)**

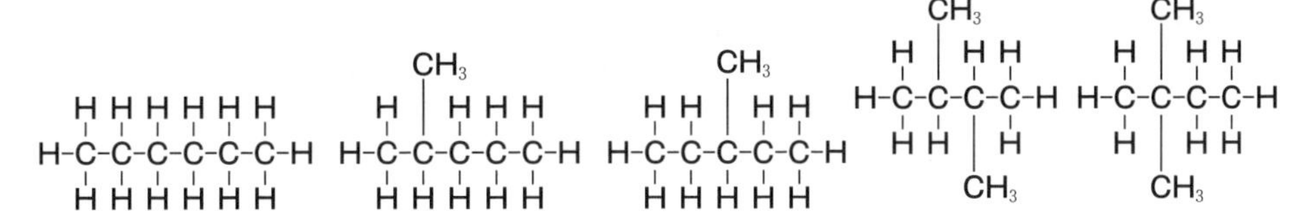

(問題 2) CH_4

(問題 3) (1) d　(2) g　(3) c　(4) a　(5) a，b　(6) f　(7) e，f　(8) b，c，d，h

(問題 4) (1) -O-，-OH　(2) -O-，-OH，-COOH，-COO-，-CHO，＞C＝O

解説：(2)で考えられる有機化合物

CH_3CH_2COOH，CH_3COOCH_3，$HCOOCH_2CH_3$，$HOCH_2CH_2CHO$

CH_3-CO-CßH$_2$OH，$CH_3CH(OH)CHO$

問題 5

分子量 10000 のポリ塩化ビニルにはおよそいくいくつの塩素原子が含まれているか.

問題 6

重合度が 200 のポリエチレンテレフタレートの分子量はおよそいくらか.

問題 7

次の空欄に最も適当な語句を下から選べ.同じ語句を繰り返し使ってもかまわない.

核酸とは(1)・(2)・(3)から構成される(4)とよばれる化合物が，鎖状に縮合重合した(5)である．(6)はデオキシリボース，(7)はリボースをもち(8)が遺伝情報を次世代に伝える.

(ア)　DNA　(イ)　RNA　(ウ)　リン酸　(エ)　糖　(オ)　塩基
(カ)　ヌクレオチド　(キ)　ポリヌクレオチド

問題 8

核酸は DNA と RNA の 2 種類がある．次の問いに答えよ.
(1)　DNA と RNA はそれぞれ何と呼ばれる物質の略称であるか書け.
(2)　DNA を構成している糖と塩基（4 種類）の名称を書け.
(3)　RNA のみに存在する塩基の名称を書け.

答：**(問題 5)** (-CH2-CHCl-) には塩素原子が 1 つ含まれている．(-CH2-CHCl-) の式量は 62.5 なので，10000/62.5＝160 個

(問題 6) OH-(CO-ベンゼン環-CO-O-(CH2)-O)n-H の式量は 192n＋17＋1 である．両端の OH と H は全体に占める割合が非常に小さいので無視すると式量は 192n となり，分子量は 192×200＝38400　約 38000

(問題 7) (1) ウ　(2) エ　(3) オ((1)~(3)は順不同)　(4) カ　(5) キ　(6) ア　(7) イ　(8) ア

(問題 8) (1) DNA：デオキシリボ核酸，RNA：リボ核酸
(2) 糖：デオキシリボース，塩基：アデニン・グアニン・シトシン・チミン
(3) ウラシル

付録　単位と有効数字

化学計算を行うとき，結果の値が割り切れなかったとき，はたして何桁まで残して四捨五入すればよいのだろうか．また実際の測定値の場合，たとえば 3 桁どうしの量をかけ算して，5 桁や 6 桁のまま答えを書くのは好ましくない．有効数字を理解すれば，これらの問いには容易に答えられるようになるだろう．

この付録では，化学に限らず自然科学すべてにおいて基礎となる，単位と有効数字などについての要点をまとめる．

1 単　位　系

化学をはじめとする自然科学では，自然現象を観察・測定することが重要である．測定には基準が必要であるが，これを単位（unit）という．

具体例

① 長さをメートル［m］，質量をキログラム［kg］，時間を秒［s］で測定し，他の量の単位はこれら3つの基本単位を使って表す単位系をMKS単位系という．

② MKS単位系の3つの基本単位に電流の単位であるアンペア［A］を基礎単位として加えた単位系をMKSA単位系という．

③ MKSA単位系に，3つの基本単位（温度(ケルビン［K］)，物質量(モル［mol］)，光度（カンデラ［cd］）を加え，合計7つの基本単位で構成される単位系を国際単位系（SI）という．

発　展

【単位の変換】

自然科学の世界では，分野に応じてSI単位系以外にもいろいろな単位系が用いられる．たとえば，［cm］の単位で長さを測定したものを，計算の際には［m］の単位に直して使いたいということはよくおこる．

確認問題

① 次の量の単位を基本単位を用いて［$kg^a \cdot m^b \cdot s^c$］の形で表せ．
　　面積　　　密度　　　仕事率

② 化学で現れる誘導単位をいろいろ調べてみよう．

③ 20 m/sは，何km/hか．

④ 5.3 g/Lは，何kg/m^3か．

答：① m^2，$kg \cdot m^{-3}$，$kg \cdot m^2 \cdot s^{-3}$，② 省略，③ 72 km/h，④ 5.3 kg/m^3

【MKS 単位系】

① 長さ：真空中を，光が $\frac{1}{299792458}$ 秒間に進む距離を 1 [m] とする．

② 質量：国際キログラム原器（白金-イリジウム合金）の質量を 1 [kg] とする．

③ 時間：セシウム原子が放出する特定の光の終期を利用して決める．

質量の測定とは，ある物質と国際キログラム原器の質量の比を決めることを意味する．このように，ある量を測定するとは，基準となる単位との比を決めることである．上の 3 つの単位以外にも，原理的にはすべての量に対して単位を導入することもできるが，基準はなるべく少ない方がよい．[kg]，[m]，[s] を使って組み立てられる単位を組立単位または**誘導単位**という．これに対して，[kg]，[m]，[s] は**基本単位**と呼ばれる．

例）速さ（v）

速さの単位として，光の速さなど基準となる単位を決めて，すべての速さを基準との比で表すこともできるが，速さの定義が距離を時間で割ったものであることを利用して，1 秒間に 1 m 進む運動の速さを速さの単位として決めることができる．これを 1 m/s と書く．したがって，速さ v の単位は次のようになる（組立単位を表現するときは「/」を用いず，「•」を用いることにする）．

$$[v] = m \cdot s^{-1}$$

MKS 単位系での，ほかの組立単位の例を以下の表に示す．

量	単位の名称	記号	組立単位
力	ニュートン	N	$kg \cdot m \cdot s^{-2}$
圧　力	パスカル	Pa	$kg \cdot m^{-1} \cdot s^{-2}$
エネルギー	ジュール	J	$kg \cdot m^{2} \cdot s^{-2}$

【MKS 単位系以外で化学・物理でよく現れる単位】

① リットル [L] は体積の単位の 1 つで，1 辺が 10 cm の立方体の体積を 1 L とする．つまり，$1\ L = 10^3\ cm^3 = 10^{-3}\ m^3$

② 1 Å（オングストローム）$= 10^{-10}$ m

③ 1 min(分) = 60 s，1 h(時) = 3600 s

④ $1\ atm = 1.101325 \times 10^5\ Pa = 760\ mmHg$（1 気圧）

⑤ 1 cal = 4.184 J

2 次　　元

すべての組立単位は，基本単位の組み合わせで与えられるから，単位系とは無関係に，長さを L，質量を M，時間を T と書くと，その他の量は a，b，c を実数として $L^aM^bT^c$ という形で表される．この関係を次元（dimension）とよぶ．たとえば密度の次元は ML^{-3} で，M（質量）について 1 次元，L（長さ）について −3 次元，T（時間）について 0 次元であるという．

具体例

物体の速さの単位は，MKS 単位系では［m/s］であり，「(長さ)/(時間)」の形をしている．したがって，単位とは無関係に長さを L，時間を T と書いたとき，

速さ v は

$$[v] = LT^{-1}$$

と書ける．これを速さの次元という．

一般に，長さを L，質量を M，時間を T で表すと，その他の量は a，b，c を実数として

$$L^aM^bT^c$$

という形で表される．この関係を次元とよぶ．

上でみたように，速さの場合は $a=1$，$b=0$，$c=-1$ である．また，力の次元は

$$LMT^{-2}$$

となる．

発　展

次元に注目して，基本単位の次元から他の物理量の式の形を推測することを次元解析（dimensional analysis）という．運動方程式などを具体的に解かなくても，結果をある程度推測することができ，大変便利である．ただし，係数までは求まらないので検算などに用いるとよい．

確認問題

次の量の次元を $L^aM^bT^c$ の形で表せ．

面積　　加速度　　運動量　　仕事率

答：① L^2，LT^{-2}．LMT^{-1}，L^2MT^{-3}

次元は，式の形を推測することにも非常に役に立つ．以下に2つの例を示す．

(例1)

質量 m [kg] の物体が速さ v [m/s] で運動しているときに持つ運動エネルギー K が知りたいとする．m と v から K を作るのだから $K=m^{a}v^{b}$ という関数形を仮定する．したがって，運動エネルギーの次元 [K] は長さを L，質量を M，時間を T で表すと

$$[\mathsf{K}] = \mathsf{M}^{a}(\mathsf{LT}^{-1})^{b} \quad \leftarrow \quad \text{質量の次元は M，速さの次元は } \mathsf{LT}^{-1}$$

$$= \mathsf{M}^{a}\mathsf{L}^{b}\mathsf{T}^{-b} \qquad \cdots\cdots\cdots(1)$$

となる．一方（運動）エネルギーは仕事と同じ単位ジュール [J] であるがその次元は(MKSA単位系の節中の表参照)，

$$ML^{2}T^{-2} \qquad \cdots\cdots\cdots(2)$$

(1)式と(2)式を比較して $a=1$，$b=2$ を得るから，$K=mv^{2}$ という形になる．このように次元に注目して式の形を推測することを**次元解析**という．

次元解析の結果から，運動エネルギーは $K=m^{2}v$ や $K=mv^{3}$ という形はありえない．次元が異なる式は間違っているので，式の推測に役立つ．ただし，運動エネルギーの正確な形は $K=mv^{2}/2$ であり，次元解析の方法では式の形が分かっても，係数 (1/2) まではわからない．

(例2)

長さ l [m]，線密度 ρ [kg/m] の弦を T [N] の力で張っているとき，この弦を伝わる音の速さ v [m/s] が知りたいとする．l，ρ，T から v を作るのだから，$v=l^{a}\rho^{b}T^{c}$ という関数形を仮定する．したがって速度の次元は

$$[v] = L^{a}(ML^{-1})^{b}(MLT^{-2})^{c} \qquad \cdots\cdots\cdots(3)$$

$$= L^{a-b+c}M^{b+c}T^{-2c}$$

となる．一方速さの次元は，

$$[v] = \mathsf{LT}^{-1} \qquad \cdots\cdots\cdots(4)$$

であったから，(3)式と(4)式を比較して

$$a-b+c=1,\quad b+c=0,\ -2c=-1$$

を得る．この連立方程式を解くと，

$$a=0,\ b=-1/2,\ c=1/2$$

となるから，

$$v = \rho^{-1/2}T^{1/2} = \sqrt{\frac{T}{\rho}}$$

となる．

3　測定値の精度（有効数字）

化学や物理の実験において，測定値は基本的に最小目盛りの 1/10 の位まで目分量で読み取る．たとえば，針金の直径を測定して，**1.23** mm という値を得た場合，「**1**」，「**2**」，「**3**」は測定値として意味のある数字であり，これらを有効数字（significant digits）という．また，**1.23** は有効数字が 3 桁であるという．

具体例

たとえば下図のような場合，最小目盛り（1 mm）の 1/10 まで目分量で読むと，物体の長さは **8.36** cm となる．「**8**」，「**3**」，「**6**」が有効数字であり，有効数字の桁数は 3 桁である．

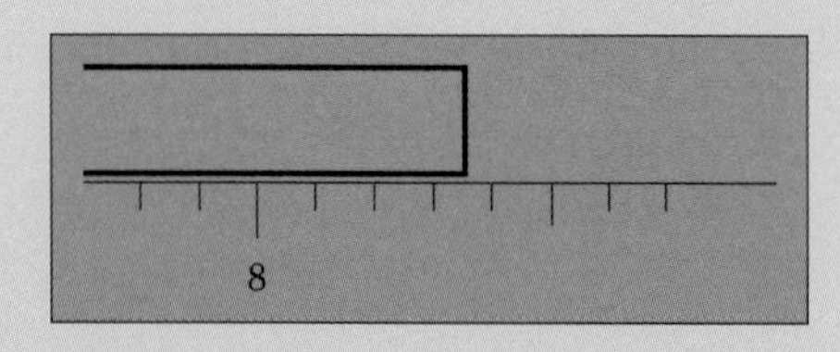

ただし，どんなに注意深く測定しても測定値の最終桁（今の場合は「6」）の中には±5/10 程度の誤差（測定値から真の値を引いたもの）が含まれている．したがって，真の値を x とすると，x のとりうる範囲は次のようになると考えるべきである．

$$8.36 - 0.005 \leqq x \leqq 8.36 + 0.005$$

$$\rightarrow \quad 8.355 \leqq x < 8.365$$

発　展

指数を使った数の表現：ある数を $x \times 10^n$ の形に書いたとき，n を冪（べき）指数または，単に指数という．普通は x の範囲を $1 \leqq x < 10$ となるようにとる．

確認問題

① 次の測定値の有効数字は何桁か．

435.92 kg　　3.50 mm　　0.0080 s

② 51 cm を有効数字の桁数に注意して［mm］と［m］の単位に変換せよ．

③ 次の数を $x \times 10^n$（$1 \leqq x < 10$）の形で表せ．

65392.14　　0.0000243

答：① 5 桁，3 桁，2 桁，② 5.1×10^2 mm，0.51 m，③ 6.539214×10^4，2.43×10^{-5}

【**45** cm と **45.0** cm では，有効数字が 3 桁の **45.0** cm の方が精度が高い】

化学における計算では，単位を変換して計算しなければならないことがよくおこる．**45** cm と **45.0** cm の 2 つの測定値を単純に［mm］の単位に直すと共に **450** mm となって区別がつかなくなってしまう．このような時，前節で説明した指数を使うととても便利である．

45 cm → 4.5×10^{-1} m：有効数字 2 桁
45.0 cm → 4.50×10^{-1} m：有効数字 3 桁

逆に，**45** cm を単純に［m］の単位に直すと，**0.45** m となって有効数字が 1 桁増えるように見えるが，この場合の 1 の位の「**0**」は有効数字ではなく，位取りの数字だと見るべきである．このときも指数を使えば次のように書ける．

45 cm → 4.5×10^{-1} m：有効数字 2 桁

【**4500** cm という測定値の場合の「**0**」】

この「**0**」は，有効数字か位取りの **0** か区別がつかないので，有効数字の桁数が決められない．このような場合も指数を使うと便利である．例えば **4500** cm の有効数字が 3 桁だと分かっている場合は，4.50×10^{3} cm となる．

【基本定数の有効数字】

たとえば，円の半径 r を測定して，円周の長さを公式 $l = 2\pi r$ を使って計算する場合，$2 = 2.00000$……であって，有効数字が無限桁である．

【自然科学における諸定数】

自然科学においては，原子分子のようなミクロな世界から，宇宙のようなマクロな世界を研究の対象とするため，非常に小さな数から大きな数まで現れる．例えば

電子の質量　$m_e = 0.0000000000000000000000000000009109$ kg

1 天文単位　1 AU = 149597870660 m

これらを普通は指数を使って，次のように $x \times 10\, n$ の形で表す（ $1 \leqq x < 10$ ）．

$$m_e = 9.109 \times 10^{-31}\ \text{kg}$$

$$1\ \text{AU} = 1.49597870660 \times 10^{11}\ \text{m}$$

【指数の計算】

$$(x \times 10^a) \times (y \times 10^b) = xy \times 10^{a+b}$$
$$(x \times 10^a)^b = x^b \times 10^{a \times b}$$
$$\frac{x \times 10^a}{y \times 10^b} = \frac{x}{y} \times 10^{a-b}$$
$$10^0 = 1,\ 10^1 = 10,\ 10^{-1} = \frac{1}{10} = 0.1$$

たとえば電子 1 mol の質量 M は，上の規則を用いて次のように計算できる．

$$\begin{aligned} M &= m_e \times N_A \\ &= 9.109 \times 10^{-31} \times 6.022141 \times 10^{23} \\ &= (9.109 \times 6.022141) \times 10^{-31+23} \\ &= 54.85 \times 10^{-8} \\ &= 5.485 \times 10^{-7}\ \text{kg/mol} \end{aligned}$$

4　測定値の計算方法（有効数字の四則演算）

加法と減法：測定値中で有効数字の末位が最高の位をもつものを基準にして，他の測定値については基準の位の１つ下の位の数字まで残して切り捨てし，その後に計算して最下位の位を四捨五入する．
乗法と除法：測定値中の最小の有効数字の数を調べ，それよりも桁数を１桁だけ余分に計算し，最後にその桁を四捨五入して，結果の有効数字の数を最小の有効数字に等しくする．

具体例

① 加法　1桁余分に取る

```
    4. 3 2
+) 0. 2 1 8 6
    4. 5 3 8
          4
```

最後に四捨五入して，最下位の位が最も高いもの（小数第2位まで）にあわせる

答：4.54

② 乗法

```
    2. 5 8      ←有効数字3桁
×) 0. 6 8      ←有効数字2桁：最小桁
    1. 8 0 8 8  ←有効数字2桁まで答える
```

答：1.8

発　展

基本定数を含む計算は，測定値の桁数より１桁多く取って計算して，最後の結果は有効数字の加減・剰余の規則に従う．

確認問題

有効数字に注意して，次の計算をせよ．

① $5.368 + 0.42$
② $132.536 - 17.4$
③ $4.8532 \div 2.3$
④ 光（速さ：2.99792458×10^8 m/s）が１年間（3.2×10^7 s）に進む距離は何 m か計算せよ．

答：① 5.79，② 115.1，③ 2.1，④ 9.6×10^{15} m

（例1）

長さの測定値がそれぞれ4.32 cmと，0.2186 cmの棒を一直線につなげたときの長さはいくらになるだろうか．4.32＋0.2186＝4.5386だから，4.5386 cmとしてはいけない．4.32は少数第3位と，第4位が不明で，不明なものに4.5386の少数第3位と第4位を足しても何になるかわからない．したがって，有効数字数字の足し算・引き算は下の図のように，最下位の位が最も高いものに結果の位をそろえる．

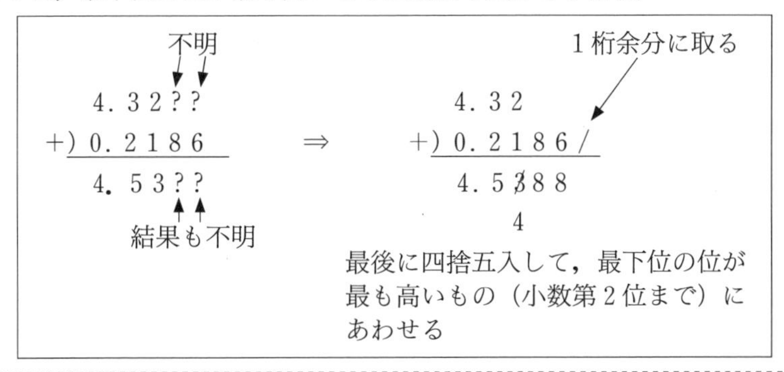

（例2）

長方形の面積を求めたくて，縦と横の長さを測定したところ，縦2.66 cm，横0.68 cmという結果が得られたとする．このとき，単純に

$$(\text{長方形の面積}) = (\text{縦の長さ}) \times (\text{横の長さ}) = 2.66 \times 0.68 = 1.8088$$

よって，面積＝1.8088 cm^{2}としてはいけない．有効数字の節で説明したように，これらの測定値には誤差が含まれており，縦の長さの真値（x）と，横の長さの真値（y）はそれぞれ

$$2.655 \leqq x \leqq 2.665 \qquad 0.675 \leqq y \leqq 0.685$$

の不定性をもっている．よって，これらを掛け合わせた長方形の面積S：$S=xy$は，

$$2.655 \times 0.675 \leqq S \leqq 2.665 \times 0.685$$

$$\Rightarrow 1.7\underset{8}{\not{9}}215 \leqq S \leqq 1.8\not{2}5525 \qquad \text{よって} \quad S = 1.8\ \text{cm}^2$$

となり，小数第1位に誤差があることから面積の有効数字は少数第1位までの2桁である．したがって，有効数字のかけ算・割り算では下の図のように，有効数字の桁数が最も小さいものに結果の桁数をそろえる．

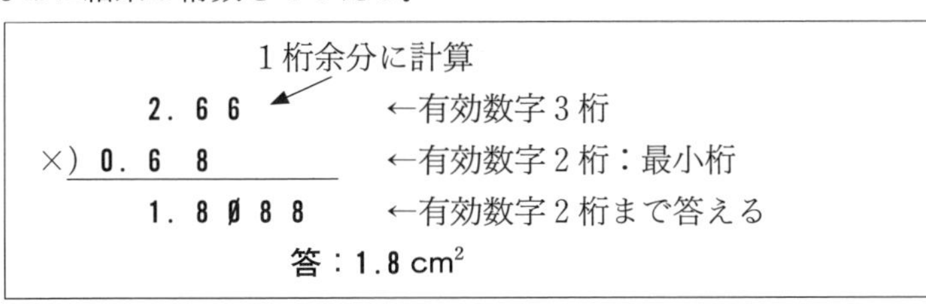

索　　引

さ　行

た　行

な　行

は　行

ま　行

や　行

ら 行

英和索引

F

G

H

I

L

M

著者略歴

矢野　潤（やの　じゅん）（4章，5章，9章，10章）

新居浜工業高等専門学校数理科・教授

工学博士

1987年　広島大学大学院工学研究科博士課程修了

1987年　山梨大学教育学部化学教室

1991年　山口大学工学部応用化学工学科

1994年　東亜大学工学部食品工業科学科

2004年　新居浜工業高等専門学校数理科

趣味・特技：バドミントン（元国体選手および監督），登山，ギター，ウクレレ

伊藤武志（いとう　たけし）（3章，4章，7章，11章）

弓削商船高等専門学校総合教育科・教授

博士（工学）

2005年　広島大学大学院先端物質科学研究科博士課程修了

2005年　高松工業高等専門学校一般教育科・非常勤講師

2006年　弓削商船高等専門学校総合教育科

趣味・特技：ラグビーフットボール，音楽鑑賞（ライブ・ロックフェスに行くこと）

尾崎信一（おさき　のぶかず）（5章，6章，8章）

元高知工業高等専門学校総合科学科・教授

1973年　高知短期大学教職課程修了

1988年　高知工業高等専門学校工業化学科

1997年　高知工業高等専門学校総合科学科

趣味・特技：テニス，サイクリング

多田佳織（ただ　かおり）（11章）

高知工業高等専門学校ソーシャルデザイン工学科・准教授

博士（工学）

2000年　金沢大学大学院自然科学研究科博士課程修了

2009年　徳島大学大学院先端技術科学教育部博士後期課程修了

2009年　香川工業高等専門学校　非常勤講師

2010年　阿南工業高等専門学校　非常勤講師兼任

2011年　高知工業高等専門学校総合科学科

趣味・特技：音楽鑑賞，フラダンス

管野善則（かんの　よしのり）（1章）

(株)ムジカ企画　代表取締役会長

工学博士

1982年　東京工業大学大学院総合理工学研究科博士課程修了

1982年　通産省入省　工業技術院名古屋工業技術試験所

1986年　同所　放射線部　主任研究官

1987年　山梨大学教育学部化学教室

1998年　山梨大学工学部

2008年　首都大学東京産業技術大学院大学

趣味・特技：キックボクシング，空手，音楽鑑賞

岡野　寛（おかの　ひろし）（2章，5章，11章）

香川工業高等専門学校一般教育科・教授

博士（工学）

1988年　岡山大学大学院工学研究科修士課程修了

1988年　三洋電機株式会社研究開発本部ニューマテリアル研究所

2001年　高松工業高等専門学校一般教育科

2005年　University of New South WalesおよびUniversity of Technology, Sydney）客員研究員

趣味・特技：野球，自転車，家庭菜園，日曜大工

加藤清孝（かとう　せいこう）（付録）

小山工業高等専門学校一般科・教授

博士（理学）

2000年　金沢大学大学院自然科学研究科博士課程修了

2001年　高松工業高等専門学校一般教育科

2015年　小山工業高等専門学校

趣味・特技：野球，ギター演奏

新版 これでわかる化学

2009年3月20日　初版第1刷発行
2021年3月10日　初版第10刷発行
2023年4月10日　新版第1刷発行

©　編著者　矢野　潤
　　　　　　管野善則
発行者　秀島　功
印刷者　渡辺善広

発行者　**三共出版株式会社**　東京都千代田区神田神保町3の2
振替00110-9-1065

郵便番号101-0051　電話03-3264-5711　FAX03-3265-5149
https://www.sankyoshuppan.co.jp/

一般社団法人日本書籍出版協会・一般社団法人自然科学書協会・工学書協会　会員

Printed in Japan　　印刷/製本　壮光舎

JCOPY〈(一社)出版者著作権管理機構 委託出版物〉
本書の無断複写は著作権法上での例外を除き禁じられています．複写される場合は，そのつど事前に，(一社)出版者著作権管理機構(電話03-5244-5088，FAX 03-5244-5089，e-mail：info@jcopy.or.jp）の許諾を得てください．

ISBN978-4-7827-0818-7

元素の周期表

原子番号 — 1H — 元素記号
元素名 — 水素
原子量 — 1.008

典型非金属元素
典型金属元素
遷移金属元素

	1	2	3	4	5	6	7	8	9
1	1H 水素 1.008								
2	3Li リチウム 6.941	4Be ベリリウム 9.012							
3	11Na ナトリウム 22.99	12Mg マグネシウム 24.31							
4	19K カリウム 39.10	20Ca カルシウム 40.08	21Sc スカンジウム 44.96	22Ti チタン 47.87	23V バナジウム 50.94	24Cr クロム 52.00	25Mn マンガン 54.94	26Fe 鉄 55.85	27Co コバルト 58.93
5	37Rb ルビジウム 85.47	38Sr ストロンチウム 87.62	39Y イットリウム 88.91	40Zr ジルコニウム 91.22	41Nb ニオブ 92.91	42Mo モリブデン 95.95	43Tc* テクネチウム (99)	44Ru ルテニウム 101.1	45Rh ロジウム 102.9
6	55Cs セシウム 132.9	56Ba バリウム 137.3	57〜71 ランタノイド	72Hf ハフニウム 178.5	73Ta タンタル 180.9	74W タングステン 183.8	75Re レニウム 186.2	76Os オスミウム 190.2	77Ir イリジウム 192.2
7	87Fr* フランシウム (223)	88Ra* ラジウム (226)	89〜103 アクチノイド	104Rf* ラザホージウム (267)	105Db* ドブニウム (268)	106Sg* シーボーギウム (271)	107Bh* ボーリウム (272)	108Hs* ハッシウム (277)	109Mt* マイトネリウム (276)

57〜71 ランタノイド	57La ランタン 138.9	58Ce セリウム 140.1	59Pr プラセオジム 140.9	60Nd ネオジム 144.2	61Pm* プロメチウム (145)	62Sm サマリウム 150.4	63Eu ユウロピウム 152.0
89〜103 アクチノイド	89Ac* アクチニウム (227)	90Th* トリウム 232.0	91Pa* プロトアクチニウム 231.0	92U* ウラン 238.0	93Np* ネプツニウム (237)	94Pu* プルトニウム (239)	95Am* アメリシウム (243)

本表の４桁の原子量はIUPACで承認された値である。なお，元素の原子量が確定できないものは
＊安定同位体が存在しない元素。